死んだ動物の体の中で起こっていたこと

獣医病理医
中村進一

ブックマン社

はじめに

こんにちは。獣医師《じゅういし》の中村進一です。

「獣」の「医師」と書いて獣医師ですが、ぼくは動物病院でけがをしたり病気になった動物を診察《しんさつ》して治療《ちりょう》する、いわゆる「動物のお医者さん」ではありません。

「飼っていた犬が亡くなりました。死因が知りたいので、解剖《かいぼう》してもらえませんか?」

こんな一本の電話から、ぼくの仕事は慌《あわ》ただしく始まります。

亡くなった動物のご遺体を解剖して、なぜ亡くなったのか、どのような病気だったのか、といったことを調べるのがぼくの仕事です。

多くの獣医師の例に漏《も》れず、ぼくも小さい頃から近所の公園や山、川などに出かけては昆虫やザリガニ、魚を捕まえることに夢中になっていました。家族も動物が好きで、犬や猫、モルモットなどたくさんの動物とともに過ごしてきました。

獣医師になりたいと思ったのは、高校一年の冬。きっかけは飼っていたモルモットが病気になったことです。ぼくが高校生だった二十数年前は、犬と猫のみを専門に診《み》る動物病院がほとんど。当然、モルモットを診察してくれる動物病院は簡単には見つからず、最終的に当時飼っていた犬の主治医に治療をしていただきました。その臨床獣医師は、モルモットは専門ではないからできることは限られると言いながらも丁寧な説明と治療をしてくださり、動物だけでなく飼い主の気持ちまでケアしてくださるその真摯《しんし》な姿勢に感銘《かんめい》を受けて、どんな動物も診ることができる臨床獣医師になるという夢ができました。

晴れて獣医大学への入学を果たした大学一年の4月、フレッシュマンゼミという授業がありました。教員ごとに数人の学生が割り当てられ、大学生活に慣れるために早くから大学の研究に触れるとともに、教員とのコミュニケーションを図るという授業です。

ぼくの担当教員となったのは、当時日本で唯一、猫の腎移植《じんいしょく》を手がけていた外科の先生でした。先生の指導のもと、診察や手術の様子を間近に見学させてもらい、外科手術の魔法《まほう》のような手さばきに魅了《みりょう》されて、早くも外科医になりたいと思いました。

大学一年も終わりに近づいた春、運命的な一冊に出会いました。ゲッチョ先生として知られている盛口満《もりぐちみつる》氏と、安田守《やすだまもる》氏の共著、『骨の学校――ぼくらの骨格標本のつくり方』(木魂社)という本です。

その頃、ぼくは縁あって動物の骨格標本をつくっていました。動物園からさまざまな動物の遺体を提供していただき、それを解剖して、骨として残す。動物の遺体からは、骨格標本の作製を通して多くのことを学びました。そして、骨となってからも骨格標本として、生態《せいたい》や生き方などたくさんのことを教えてくれることを知りました。動物の骨格標本を集めて、骨の動物園をつくりたいと本気で考えていたものです。

『骨の学校』は高校の理科教員である二人の著者が、骨に魅了された生徒たちとともに動物の死体を拾って解剖したり、フライドチキンや豚足から骨格標本をつくる日々を描いたエッセイです。

ほぼ同じ時期に、同じように骨の虜《とりこ》になっている人がいることを知って俄然《がぜん》やる気になりました。それと同時に、世の中には動物の遺体がたくさんあって、そこから多くのことを学ぶ機会があるのに、ほとんどはきちんと解剖されずにそのまま焼却処分されている現状を知りました。

将来は外科医になって、どんな動物も診ることができる動物病院を開業することを夢見て大学の一、二年を過ごしましたが、動物の遺体からもっと多くのことを学びたいという一心で、獣医病《じゅういびょう》理学《りがく》の道に進みました。

ぼくは現在、生きている動物を診ることはなく、遺体となった動物を病理解剖して、動物の死因や病気の成り立ちを明らかにしています。大学入学当初の夢とは少し異なりましたが、「どんな動物も診る」というところは変わっていません。

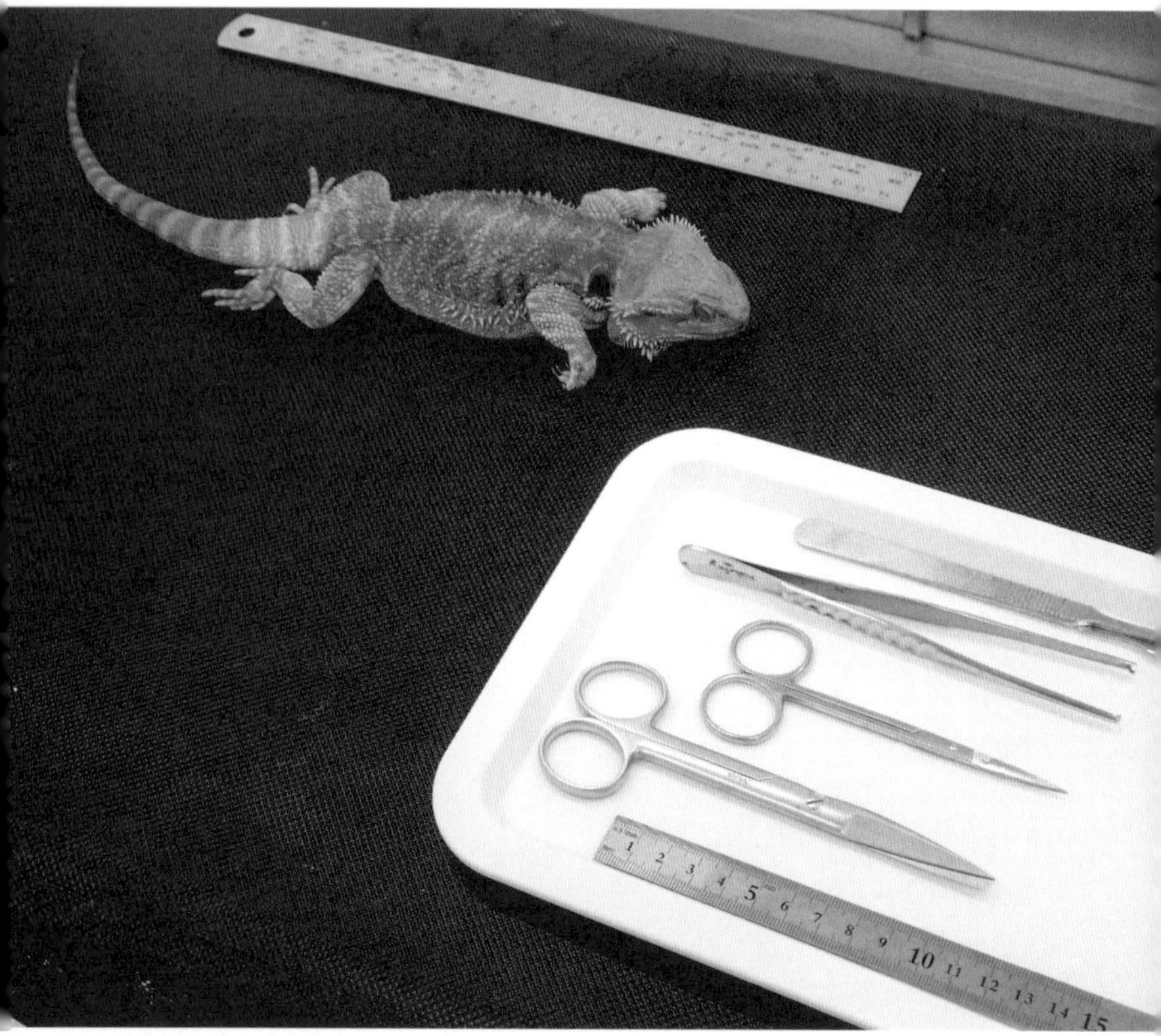

フトアゴヒゲトカゲのご遺体と解剖器具

ブンチョウの胸腺腫（細胞診の顕微鏡写真）

胸腺は、哺乳類の多くは胸の中（心臓の前あたり）にあるが、鳥類では頸部にあるため、首にしこりを見つけたら要注意。

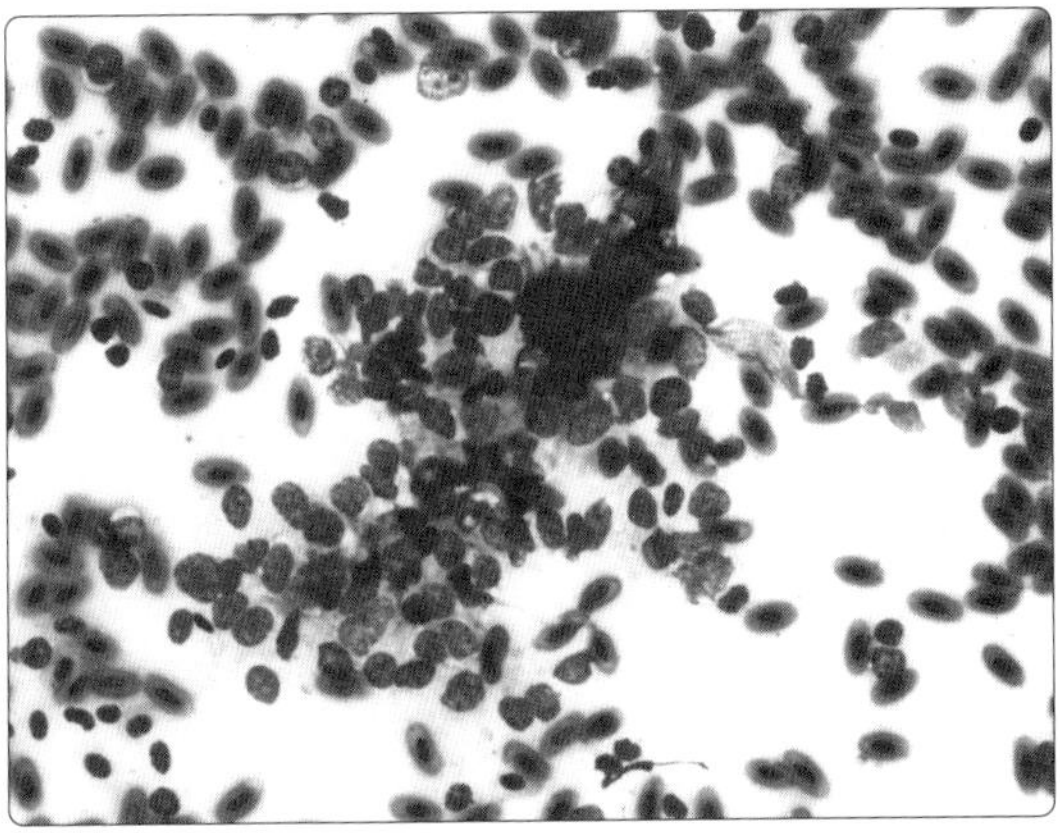

カニの甲羅（顕微鏡写真）

潰瘍によって甲羅に穴が開き、細菌が増えているところ。

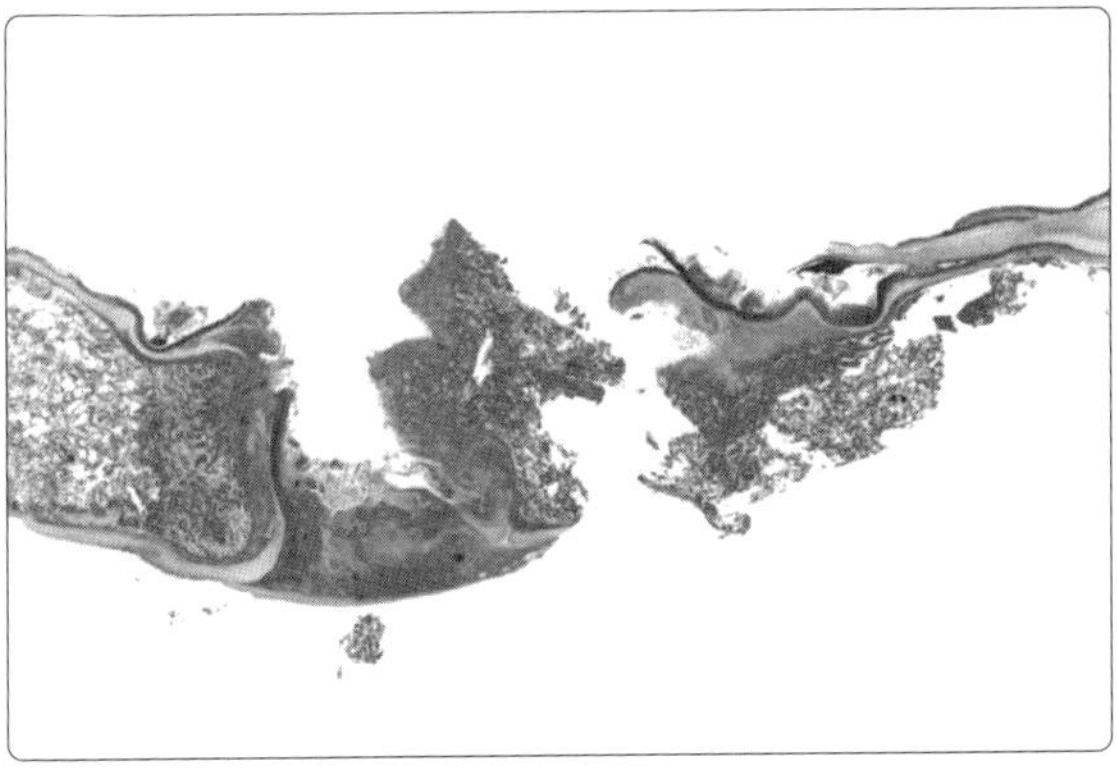

動物は、人とちがって自分自身の不調を声に出して訴《うった》えることができません。死んだ動物の体の中では何が起こっていたのか。本当のところは、解剖して詳しく調べないとわかりません。獣医病理医は、亡くなった動物が本当に伝えたかったメッセージを聴き取り、それを飼い主さんや臨床獣医師などさまざまな人に伝える役目を担っています。病理解剖はその動物にとって、「最後の診断」となるものなのです。

本書は、これまでの病理解剖を通して動物たちが教えてくれたこと、死んだ動物の体の中で起こっていたことをみなさんに知ってもらいたいという思いから執筆《しっぴつ》しました。世の中には動物を扱うコンテンツは非常にたくさんあるのに、多くは「かわいい」「癒《いや》される」「生き方に学ぶ」といった「生」の視点に立ったものであり、そこに動物の「死」の観点が圧倒的に不足しているという思いが以前からありました。

動物の死のことなんて、できることなら考えたくないと誰もが思っていることでしょう。でも生き物である限り、人も動物もいつかは必ず死にます。人の体も動物の体も極めて巧妙《こうみょう》にできていて、この世に生まれることは奇跡に近いことなのに、必ず死ぬものなのです。動物の「死」と真摯に向き合うことで、その対極にある「生」の大切さが理解できる。本書を読んでいただき、動物の「死」について思いを巡らせていただければ嬉しく思います。

目次

第3章 珍獣〈エキゾチックアニマル〉たち

第1章

動物の死から学ぶ

獣医病理医は「過去」を見る

みなさんは「獣医病理医《じゅういびょうりい》」と聞いて、どのようなイメージを持たれるでしょうか。「獣医」という言葉に「病理医」がくっついています。

「動物のお医者さんでしょう?」

「動物病院とか動物園とかで働いていそう」

なんてことを考えるかもしれません。

しかし、獣医病理医の実際の仕事は、みなさんが抱くそうしたイメージとはまったく異なります。

まず、獣医師には大きく三つの活動領域があります。

一つは、動物病院や動物園・水族館などで生きた動物と接して診断や治療を行う、つまり、病「床」に「臨《のぞ》」んで獣医療をする臨床《りんしょう》に携《たずさ》わる獣医師。みなさんがイメージする、いわゆる「動物のお医者さん」です。次に、公務員として人や動物、環境の安全を守る公務員獣医師。そして、実験室などで基礎研究に携わる獣医師。

それぞれの領域の中ではさらに細かく分かれますが、本書ではざっくりとこの三つを押さえておいていただければ大丈夫です。

ぼくが専門にしているのは獣医病理学。動物の体から採ってきた細胞《さいぼう》や組織《そしき》を調べて、「病」の「理《ことわり》」を究明しようとする獣医病理医です。

獣医病理医は、先に述べた三つの領域をあわせもっており、臨床に直結した仕事をすることもあるし、公共と密接した仕事もして、そしてあるときは実験室にこもって研究をします。いろいろな側面を持つことが獣医病理学の特徴なので、臨床にかかわるときは「獣医病理医」、研究をしているときは「獣医病理学者」と、そのときに応じて肩書きを使い分けています。

獣医病理医（または獣医病理学者）は、橋渡し役としていろいろな分野をつなぎ、人以外のすべての動物の「病理（学）」という領域を専門としている獣医師です（人以外とはいうものの研究では人の病気も対象にしています）。

病理学では、「生き物の体の中でどのような原因で病気が発生し、どのようなメカニズムで細胞や組織などを障害し、その命を死に至らしめたのか」ということを研究します。

これを言い換えると、「病気や死の疑問に答える学問」ということになります。要は、「生き物がなぜ病気になったのか、そしてどうやって死んだのかを調べる」わけですね。

生き物の死因を究明するために、ぼくたち病理医は「眼で見てかたちを観察する」という方法をとります。実際には、病気の動物や死んだ動物を手術または解剖《かいぼう》（「病理解剖」または「剖検《ぼうけん》」といいます）し、臓器《ぞうき》の一部や患部《かんぶ》を採って、その組織や細胞を肉眼と顕微鏡《けんびきょう》で観察します。

生き物の体を構成している細胞や組織は、通常、できるだけその体の状態を一定に保とうとします。何らかの変動が起きても、元の状態に戻そうとがんばるのです。細胞が健康的に

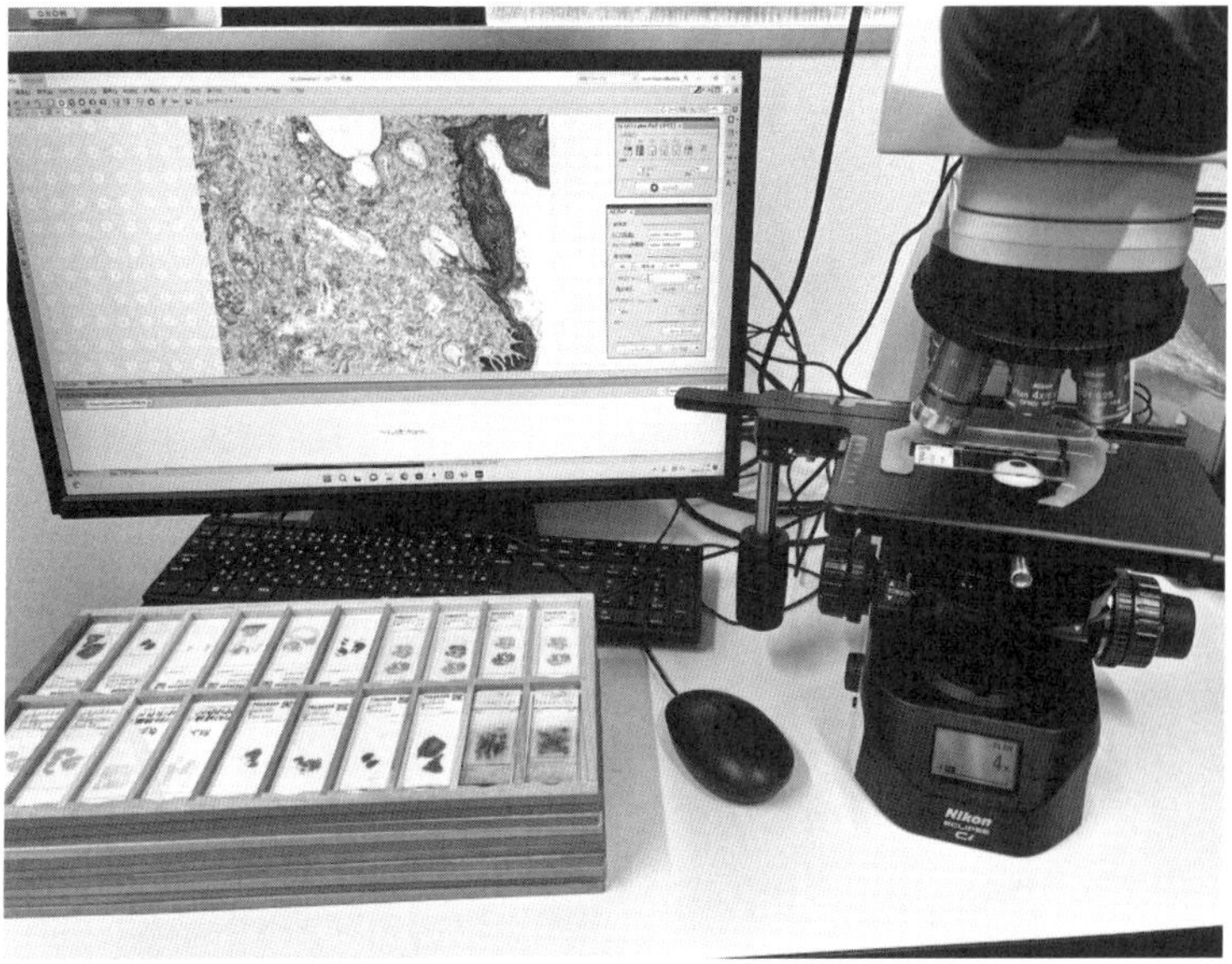

ある1日の診断を待っている標本の山。
左はマッペ（スライドガラスが並べられた板のこと）、右は顕微鏡。

生きている状態から変化しなければ、病気とされる状態になることもありません。これを「ホメオスタシス（恒常性《こうじょうせい》）」が保たれているとか、維持されているといいます。

ところが、外から病原体が侵入してきたり、外傷を負ったり、栄養が不足していたり逆に過剰だったり、周りが熱かったり寒かったり、はたまた細胞内の遺伝子《いでんし》に異常が生じたりすると、細胞や組織の秩序《ちつじょ》が乱され、一定の状態を維持するのが難しくなることがあります。細胞が「変化」して、ホメオスタシスが破綻《はたん》するのです。

生き物は、ホメオスタシスが破綻すると病気になり、最悪の場合は死に至ります。

ぼくたち獣医病理医がやっているのは、ホメオスタシスが破綻しかかっている、または破綻した動物の細胞や組織の様子を眼で見て観察し、見つけた「変化」を手がかりに、その生き物を病気や死に至らしめたものの正体を探るということです。

「デジタル技術が発達し、人間の仕事がどんどんＡＩ（人工知能）に置き換わってきているような時代に、なんて古くさくてアナログな……」

と思われるかもしれませんね。

ぼくもそう思います。

ただ、事実として、この100年余り、病理学の手法は大きく変わっていません。今も昔も、病理医のメインの商売道具は、小学校の理科室にも置いてある顕微鏡。ぼくたち病理医は、解剖などによって得た体の組織を観察に適するように薄く切って染色《せんしょく》した「組織標本」というものをつくり、これを光学顕微鏡で日々のぞいています。

ただし、単に変化を見ているだけでは、病気や死の原因はわかりません。

例えば、顕微鏡を使って動物の遺体の病変《びょうへん》（病気によって細胞や組織に起こった変化）を観察したとして、それはその遺体に起きた「病気」という長編映画の中の、たった1コマの静止画像を見ているにすぎません。

映画に物語があるように、病気にも「物語〈ストーリー〉」というものがあります。はじめに病気の原因があり、その原因が生き物の体のさまざまな細胞・組織・器官《きかん》で免疫《めんえき》やホルモンなどと攻防《こうぼう》しながら病変をつくり、時に敗れて消え去り、時に凌駕して死に至らしめる――という物語です。

物語の中のたった1コマでは、何もわかりません。

ですから獣医病理医は、目の前の静止画から映画を（自分の頭の中で）巻き戻し、「これまでにどのような物語があったのか」を読み解きます。

病や死から過去に時間をさかのぼって、病気の成り立ちを考えるわけです。

顕微鏡をのぞいて「変化」を見つけるだけではダメで、頭の中で病気の「物語」を組み立てることまでできて初めて、獣医病理医としては一人前なのです。

一方で、みなさんになじみのある臨床獣医師は、生きている動物の病気の症状を観察して検査と診断をし、できるだけの治療を施《ほどこ》して、死を少しでも先送りしようと力を尽くすのが仕事です。つまり、彼らは患者の予後《よご》がいいのか悪いのかという「未来」を判断しています。

- 「生」きている動物に対峙《たいじ》して、死ぬまでの「未来」を判断する臨床獣医師
- 動物の「死（や病気）」からさかのぼって、生きていた「過去」に何が起こっていたのかを究明する獣医病理医

この二つは、獣医療における車の両輪のようなもの。物事は複数の視点《してん》で見ることが大切で、「未来」と「過去」という真逆の目線によって動物の体に起こっている変化はより的確に把握《はあく》できるのです。

そして本書では、物言わぬ動物の遺体に刻まれたメッセージから過去を読み解く、獣医病理医というぼくの仕事についてお話しします。

動物園のアフリカゾウやカンガルー、水族館のペンギン、牧場のブタやニワトリ、個人の家で家族同然に飼われていたイヌやネコや鳥、そしてタヌキなどの野生動物——の遺体。

みなさんには、つかの間、これらの動物の遺体の話におつきあいいただき、一緒に動物の「死」について考えてもらえれば幸いです。

動物の「死」と真摯《しんし》に向き合うと、対極にある「生」がよりはっきりと理解できるようになります。

顕微鏡で見る宇宙

これからさまざまな動物の病気と死の話をする前に、まず動物の体の成り立ちについて基礎的なことをお話ししておきましょう。

どんな動物の体もたった1個の細胞、受精卵《じゅせいらん》から始まります。

その受精卵が、細胞分裂をくり返すことで、細胞の数は1個→2個→4個→8個……と倍々に増えていきます。

そのままでは、単なる細胞の塊《かたまり》でしかありませんが、分裂が進むにつれて卵の中の細胞は均等《きんとう》でなくなり、場所に応じてかたちや機能に差が現れ始め、役割を分担するようになります（これを「分化《ぶんか》」といいます）。

同じかたちと機能を持った細胞が集まったものが「組織」です。動物の組織は大きく、上《じょう》皮《ひ》組織、筋《きん》組織、神経《しんけい》組織、結合《けつごう》組織の四つに分かれます。

この四つの組織を簡単に説明すると、上皮組織は、動物の体表面や内面などをおおう組織、そしてそこから派生した外分泌腺《がいぶんぴつせん》や内分泌腺です。皮膚《ひふ》はもとより、脊椎動物《せきついどうぶつ》の爪や毛、羽毛、ウロコ、汗や消化液をつくって分泌する汗腺《かんせん》や肝臓《かんぞう》や膵臓《すいぞう》の細胞などもそうです。

筋組織はイメージしやすいでしょう。筋肉ですね。運動をつかさどっています。ぼくたちが起きているときも寝ているときも絶えず拍動《はくどう》して血液を全身に運ぶ役目を果たしている心《しん》臓《ぞう》も、心筋という筋組織でできています。また、運動というと手足や心臓を動かすだけと思うかもしれませんが、汗を分泌したり食べ物を消化したりすることにも筋組織はかかわっています。

神経組織には情報伝達の機能があります。情報を受け取って、処理して、ほかの組織に伝える働きをします。

結合組織は、組織同士を結びつけて、それらに栄養などを補給する役割を持ちます。コラーゲンや脂肪《しぼう》組織、骨、血液などがそうです。

いくつかの種類の組織が集まって特定の働きを持ったものが、「器官」です。あるいは「臓器」といったり、それが体の中にあるものなら「内臓」といったりします。心臓、肺《はい》、肝臓、腎臓《じんぞう》、眼、胃などがそうです。

例えば心臓なら、心内膜《しんないまく》という心臓の内側をおおっている上皮組織、収縮して血液を送り出すための心筋という筋組織、心臓に分布する血管や心臓の弁《べん》をつくる結合組織、心拍数や心筋の収縮力を調節する神経組織などからできています。

そして、ある程度同じような役割を持った器官が集まって、消化器系だとか循環器《じゅんかんき》系だとか呼吸器系といった、「器官系」というものをつくります。この器官系が正常に働くことで、ぼくたちの体は健康的な生活が成り立ちます。

長々と説明してきましたが、簡単に言うと、「細胞が集まって組織ができる。組織が集まって器官ができる。器官が集まって器官系をつくり、ぼくたち動物の体ができあがる」ということです。

突然ですが、宇宙の話をします。

ぼくたちの地球がある太陽系が属している銀河系（天の川銀河）に存在する恒星《こうせい》（太陽のように自らのエネルギーで輝いている星）のおよその数は、2000億といわれています。

一方、人ひとりの体を構成している細胞の数はおよそ37兆2000億。にわかには信じがたいことですが、銀河系約185個分の恒星の数に匹敵《ひってき》する細胞が、ぼくたち人間の体にはあるのですね。

これらの数字をもって、科学者の中には「人体はまるで宇宙である」という人もいます。

細胞の大きさは人間もほかの動物もほとんど変わりません。イヌもネコも、アフリカゾウも、ペンギンも、カミツキガメも、モンゴウイカも、細胞1個は同じような大きさです。ですから、人間と同じくらいの体の大きさの動物であれば、その体を構成する細胞の数も、単純計算でおよそ37兆2000億個に匹敵する数であるといえるでしょう。

生き物の体を構成する細胞の数は、体積に比例してより多くなります。現在の地球における最大の哺乳類《ほにゅうるい》であるシロナガスクジラは、体長約30メートル、体重約200トン。体積が人間の約4000倍ですから、一個体を構成する細胞の数が14～15京個くらいになります。

もはや、天の川銀河にある星の数をはるかに超えています。

ぼくたち獣医病理医は、動物の遺体から必要に応じて臓器・組織・細胞を病理解剖によって採取し、肉眼と顕微鏡でその様子を観察します。観察の最小単位は細胞で、人間と同じサイズの動物の体の場合、その対象は37兆2000億個ほど。

天文学者が天体望遠鏡を使って宇宙の謎を解き明かそうとするのと同じように、ぼくたち病理学者は光学顕微鏡を使って、日々、身近な「小宇宙」の謎に挑んでいるといえます。

ペンギンも胃がん

動物園や水族館からしばしば遺体が持ち込まれるのがペンギンです。愛らしい姿と行動で見る人の心を癒《いや》やしてくれる、動物園や水族館の人気者。

日本は世界一のペンギン飼育大国であり、動物園や水族館では多数のペンギンが飼育されていますが、みなさんがもっともよく目にするのはフンボルトペンギンでしょう。

フンボルトペンギンは、全長60〜70センチメートル、ペルーからチリまでの太平洋沿岸、つまり「フンボルト」海流の沿岸部に生息しているペンギンです。繁殖《はんしょく》のために集団で生活し、岩の隙間や「グアノ」という海鳥類のふんが堆積《たいせき》した地層に穴を掘って巣をつくります。

彼らは日本の動物園や水族館でもっとも飼育数の多いペンギンですが、野生下では気候変動や漁業の影響などによって絶滅が危ぶまれており、野生動植物の国際取引に関して定めたワシントン条約（CITES／正式名称は「絶滅のおそれのある野生動植物の種の国際取引に関する条約」）では、「附属書Ⅰ」に分類されています。

これは、「絶滅のおそれが高いため、商業目的のための国際取引は原則禁止。学術目的の取引は可能だけれど、輸出国・輸入国双方の政府が発行する許可証が必要」という、ジャイアントパンダと同じ最高ランク。

つまり、日本の動物園や水族館にいるフンボルトペンギンは実は絶滅危惧種で、規制前から繁殖されている個体もあるので一概にはいえませんが、基本的には学術研究を目的として飼われているのですね。

一般の利用者の目線では、動物園や水族館にはレクリエーション（娯楽）のイメージが強いかもしれません。しかしこれらの施設は、ほかに「種の保存」「教育・環境教育」「調査・研究」などの役割も担っています。来園者を楽しませるだけでなく、ともに考えるきっかけをつくり、野生動物や自然環境の保全にも力を入れているのです。

日本の施設でたくさんのペンギンが飼育されているのは、ペンギンの飼育ノウハウや繁殖技術が、世界的に非常に優れていることの裏返しでもあるといえるでしょう。そのため、施設のペンギンが亡くなると、死因が念入りに調査されます。ぼくのところにフンボルトペンギンの病理解剖依頼が多く来るのはそのためです。

あるとき、水族館から24歳のメスのフンボルトペンギンの遺体が持ち込まれました。飼育下のフンボルトペンギンの寿命《じゅみょう》は25〜30年ですので、そこそこ高齢《こうれい》の個体です。

水族館の獣医師からの依頼書には、「貧血と食欲低下が見られたため経過観察をしていたが、嘔吐《おうと》や吐血《とけつ》をするようになった。内視鏡《ないしきょう》検査を行ったところ、胃に潰瘍《かいよう》が見つかった。病理検査で組織を詳しく調べたら、胃がんと判明した」とありました。人のピロリ菌検査では、内視鏡で胃粘膜《ねんまく》の一部を採取して病理検査を受けますよね。それと同じような検査をこのフンボルトペンギンも受けて、胃がんであることが判明したのです。3カ月前、内視鏡検査で採取された組織から胃がんと診断したのもぼくでした。

吐血を引き起こすくらいに進行した胃がんでも、人間であれば化学療法《かがくりょうほう》や外科手術で治療

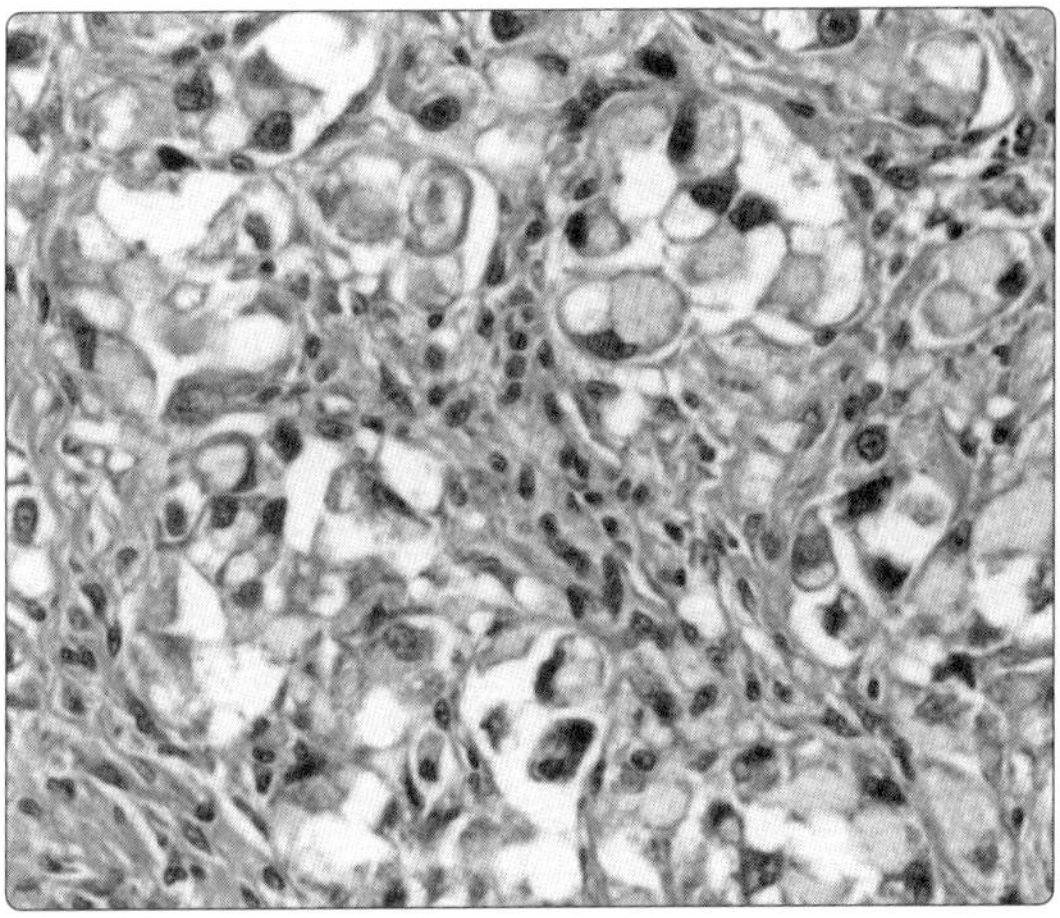

ペンギンの胃がん
（組織の顕微鏡写真）
印環細胞癌という種類のがん。細胞質に粘液が貯留して丸く膨れ、印環（シグネットリング）のような形態をしているのが特徴。

の可能性を探ります。しかし、残念ながらペンギンではまだ内視鏡切除や外科的切除、抗がん剤といった治療方法は確立されておらず、水族館では薬で症状を緩和《かんわ》する治療しか施せなかったそうです。

結局、胃がんの発見から3カ月後に、このペンギンは亡くなりました。

持ち込まれた遺体を病理解剖すると、水族館からの申し送りの通り胃に大きな潰瘍《かいよう》ができていて、胃全体が硬《かた》くなっていました。

がんというと、しこりのような塊をつくるイメージがあるかもしれません。しかし、がんの種類によっては必ずしもそうとは限らず、はっきりとしたしこりをつくらないこともあります。このフンボルトペンギンにはほかにも肝臓、腎臓、肺など全身への転移も確認できましたので、胃カメラを飲んだときにはすでに手遅れの状態だったと思われます。

ちなみに胃がんというと人ではがんによる死亡数や罹患《りかん》数で常に上位にくるくらいよく耳にするがんですが、動物では非常に稀《まれ》です。しかし、フンボルトペンギンのほか、セキセイインコやブンチョウといった小鳥で、しばしば胃がんが見つかります。

なぜ動物では稀な胃がんが、鳥類では珍しくないのか？

鳥類の胃がんを研究することは、がんで苦しむ鳥類を助けるだけでなく、人の胃がんの理解にもつながるのではないかという仮説をぼくは立てています。胃がんのほかにも鳥類にはさまざまながんが発生しますが、鳥類の腫瘍《しゅよう》はほとんど研究されていないので、現在精力的に調べているところです。


ペンギンのがんが増えている要因で一つ考えられることとしては、飼育個体の長寿化が挙げられます。

長年にわたる飼育環境の改善や、病気の診断・治療の試行錯誤《しこうさくご》のおかげで、日本国内で飼われているペンギンは長生きしています。もちろん、ペンギン特有の理由もあるかもしれませんが、このあたりの事情は、人間社会も動物園や水族館の中のペンギン社会も部分的には同じであると考えられます。ぼくたち人間の社会でも、長寿化に伴ってがんの発生率は増大しています。多くの生き物で、がん発症の最大のリスクは「加齢」なのです。

過去には、アスペルギルスというカビや鳥マラリアという寄生虫《きせいちゅう》に感染《かんせん》して死亡するペンギンが多くいました。これらの感染症も依然として少なくないですが、ぼくの経験でお話しすると、近年ではがんと診断されるペンギンが目立ってきています。日本で飼われているペンギンには皮膚にできるがんと、特に胃がんが多い印象です。

胃がんが多い要因も、一つに長寿化が考えられます。

そしてさらに、今ぼくがひそかに仮説を立てている胃がんの発生要因がいくつかあります。それが、エサに添加《てんか》される「塩分」と、エサの魚を丸呑みすることによる胃の損傷《そんしょう》です。

日本の動物園や水族館のペンギンの多くは淡水《たんすい》で飼われています。ただ、ペンギンは野生下では海水になじんでいる生物ですので、淡水での飼育下では血中のナトリウムが不足しないように、エサの魚に塩をまぶして塩分補給をさせることがよくあります。

「この塩分が、ペンギンの胃がんと関連しているのではないか」

ぼくはそう疑っています。

それから、解凍されたエサの魚を一度に何匹も丸呑みすることで、胃粘膜が繰り返し傷つき、その修復の過程で胃がんが発生しているのではないかということも考えています。


日本人を対象とした研究では、めざしや塩ざけ、たらこ、いくら、塩辛、練りウニといった魚介の塩蔵品《えんぞうひん》をよく食べる人で、胃がんの発症率が明らかに高くなるとされています。

世界保健機関（ＷＨＯ）が招集《しょうしゅう》した専門家集団も、複数の研究結果を元に「食塩・塩蔵食品は、おそらく胃がんの原因の一つであろう」と結論づけています。

高濃度の塩分を含む食物を頻繁《ひんぱん》に食べていると胃の粘膜がダメージを受けて胃炎《いえん》になり、がんができやすくなるのですね。

ぼくの知る限り、ペンギンにおける塩分摂取《せっしゅ》量、あるいはエサの種類と胃がんの発生率の関係について調べた研究はまだありませんが、ペンギンの体でも人間と同じような反応が起こっている可能性があります。

一方で、フンボルトペンギンの飼育数には及びませんが、ケープペンギンやマゼランペンギンも日本では多く飼育されています。これらのペンギンも病理解剖の機会は少なくありませんが、これまでフンボルトペンギン以外の種で胃がんを見つけたことはありません。フンボルトペンギンには、何か胃がんになりやすい秘密が隠されているのかもしれません。

これは、世界有数のペンギン飼育数を誇り、飼育や繁殖のノウハウに長ける日本が、率先《そっせん》して研究に取り組むべきことでしょう。

動物園や水族館に所属する獣医師や飼育係は例外なく、自分たちが育てているペンギン一羽一羽に愛情を持っています。あるペンギンが病気になって苦しんでいたら、職業人としても個人としても、できる限りの治療を施して苦痛を取り除いてあげたいと考えます。

そうした人々の思いによってノウハウが蓄積《ちくせき》され、以前は死んだ後の病理解剖でしかわからなかったペンギンの胃がんが、人間と同じような内視鏡検査によって生前に診断できるようになりました。

これは獣医療における大きな進歩です。

しかし、ペンギンがどのような振る舞いをしたときに検査を行えば病気を早期発見できるのか。内視鏡検査で胃がんが見つかったとき、次にどのような治療を行えばよいのか。

人間の医学ではそれなりにわかっていることが、動物の医学ではまだわからないことだらけです。

獣医療も人間の医療のように、一つの症例からもっともっと多くのことを学ばなければなりません。

そのためにぼくは、今日も黙々《もくもく》とペンギンを解剖し、症例報告を積み上げるのです。得られた知見や経験が、学会や学術誌を通じて可能な限り多くの人と共有されることを期待して。

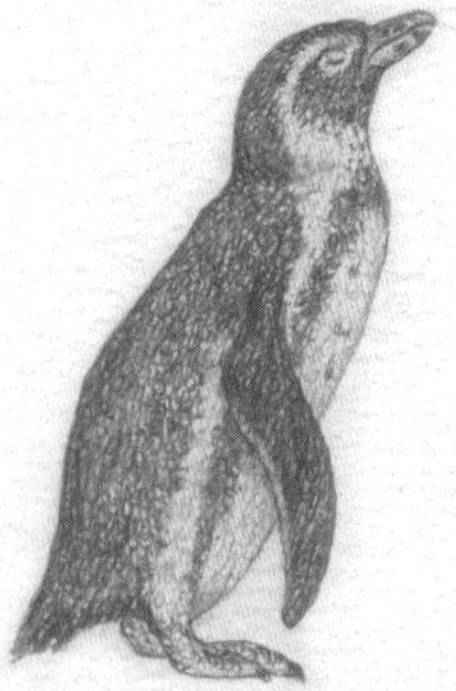

アフリカゾウの体内に潜る

「おい、アフリカゾウを解体しに行くぞ」

ぼくがまだ獣医学部の学生だった頃のことです。関東地方のサファリパークでアフリカゾウが亡くなったということで、当時大学に非常勤講師として来ていた動物園の獣医師に誘われて、同級生たちと現地に向かいました。

すでに転倒による四肢《しし》の損傷が死因だと診断がついており、病理解剖というよりは骨格標本を作製するための解体が主目的でした。

参加は任意でしたが、獣医師を目指すぼくたちに、「最大の陸上動物の解剖」を経験させようという意図も先生にはあったのだと思います。

身近でたくさん飼われているイヌやネコならいざ知らず、アフリカゾウの解剖ともなると、獣医師でもなかなかできない貴重な体験です。学生ならばなおさら。ぼくたちは期待に胸を膨《ふく》らませていました。

そして膨らんでいたのは、アフリカゾウも同じでした。

飼育場はブルーシートで簡単な仕切りが設けられ、亡くなったアフリカゾウはその中に安置されていました。通常なら動物の遺体はバックヤードや解剖用の部屋に運ばれ、そこで解剖されます。しかし、あまりの巨体ゆえに重機を使ってさえも移動が困難だったため、死亡したその場で解剖を行うことになったのです。

横たえられたアフリカゾウを、先生と学生、そして動物園のスタッフ総勢十数名で取り囲みます。当時、大型の動物では600キログラム程度のホルスタイン(牛)しか解剖経験がなかったため(それでも十分な大きさですが)、その10倍近い体重のアフリカゾウのスケール感には圧倒されました。

サイズがサイズですから事故に注意し、お互いに声を掛け合い、リーダーである先生の指示に従って作業を開始します。

体長およそ7メートル、その存在感に気圧《けお》されつつも、重機で四肢を持ち上げてもらいながら、ほかの動物を病理解剖するときと同じ手順でまずは開腹《かいふく》していきました。

四肢の外傷が死因でしたので、内臓に異常は観察できません。

ただ、目の前に現れたアフリカゾウの消化管はパンパンに膨らんでいます。まるで、子ども向けの屋外イベントなどで見かける大型のエアー遊具のようです。

「……取りあえず、これを外に引っ張り出さないと」

先生に意気込みを買われて、幸か不幸かぼくが臓器の摘出係《てきしゅつ》となっていました。役目を果たさなければ。

ところが、目の前にある消化管をつかむことができません。弾力のある消化管は粘った血液にまみれており、指から逃げるようにすり抜けます。

同時に、鼻をつく強い臭気《しゅうき》が立ちこめ、喉《のど》が詰《つ》まって思わずえずきました。

「アフリカゾウを解剖できる」というぼくたちの胸のときめきを、強烈な臭気が上塗《うわぬ》りしていきます。

消化管がパンパンに膨らんでいたのは、内部で大量のガスが発生していたからです。

ゾウは草食動物ですが、本来、動物にとって草を消化することは容易《ようい》なことではありません。なにせ哺乳類は、草の繊維質《せんいしつ》を消化する酵素《こうそ》をもっていないのです。

そのため、特に草食動物では、消化管内に膨大《ぼうだい》な数の微生物《びせいぶつ》を住まわせ、その微生物に草の繊維質を発酵分解《はっこうぶんかい》させてエネルギーを得ています。この発酵分解の過程で、消化管の中では大量のガスが産生《さんせい》されます。

ゾウが死んでも、体内の微生物がすぐに死ぬわけではありません。とりわけアフリカゾウのような大型動物では、死後も体温はなかなか下がりませんから、温かな消化管内で微生物による発酵が進行します。発生するガスと強力な臭気は、この発酵の産物です。

とにかく消化管を外に出さないことには、解体作業が進みません。壮絶なにおいの中で何も考えないようにして、ぬるぬると滑《すべ》る内臓と全身で格闘《かくとう》します。

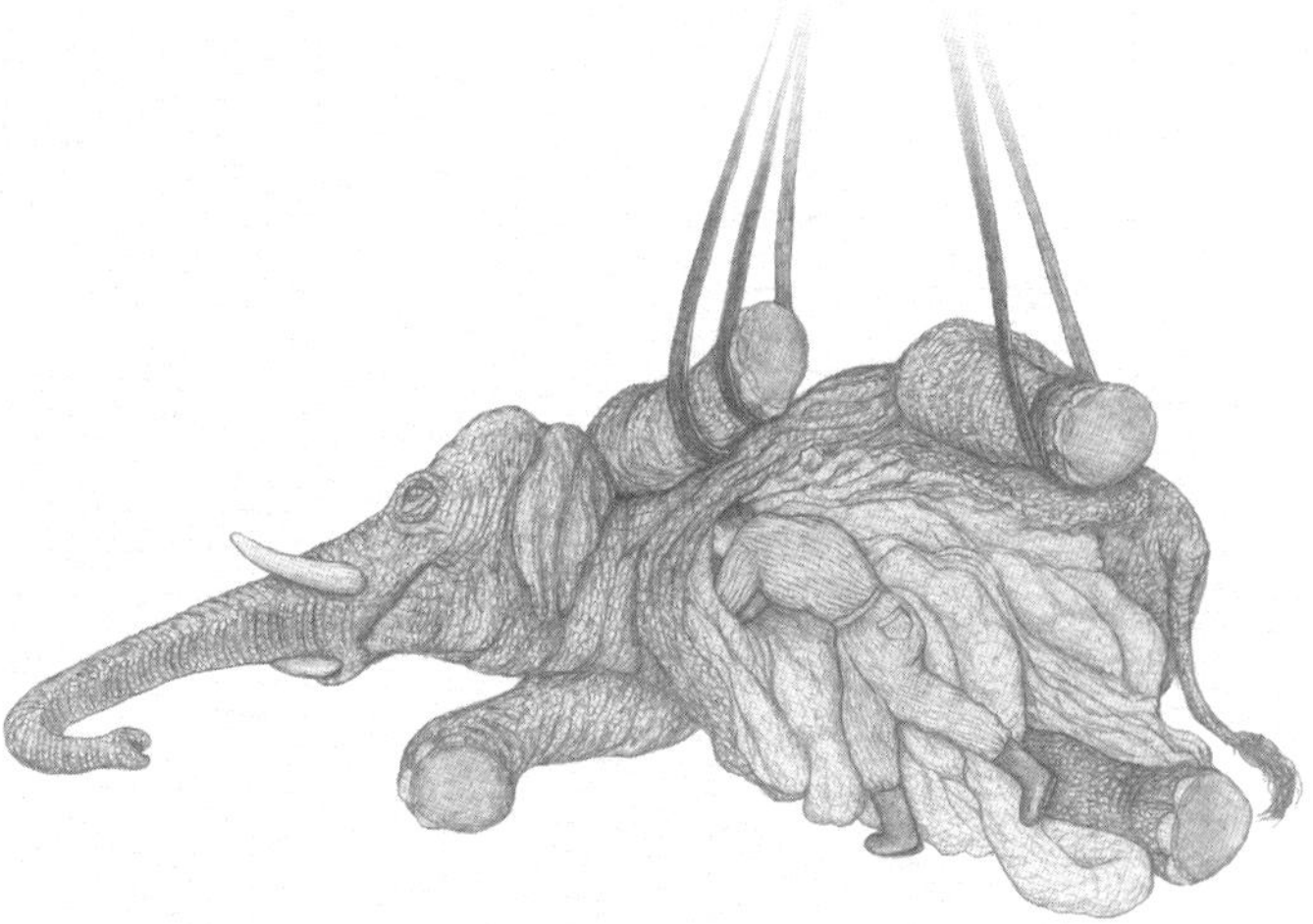

四苦八苦しながらようやくお腹の臓器を手繰《たぐ》り出せたところで、お次は肺の摘出。ゾウはほかの哺乳類とちがって肺と胸壁《きょうへき》がゆるくくっついているため、通常ならするりと容易に取り出せるはずの肺の剥離《はくり》にも骨が折れます。

洞窟《どうくつ》のような大きな胸腔《きょうくう》に「えいやっ」と全身を潜《もぐ》り込ませ、巨大な肺と胸壁の間に向けてひたすら解剖刀を振るっていきます。

この頃になると、鼻はもう臭気に慣《な》れてしまい何も感じなくなっていました。人間の体とはよくできているものです。

病理解剖の作法として上下の解剖着を着用してはいましたが、終盤には全身がゾウの体液に染まっていました。うっかり解剖着の下にはいていたお気に入りのズボンも、ふと気づけば血まみれです。

着替えを持ってきていなかったので夜はそのまま現地のホテルにチェックインしましたが、フロントで見とがめられてつまみ出されるのではないかとひやひやしたものです。

そのような苦労のかいもあり、亡くなったアフリカゾウからはその後、骨格をはじめ全身のあらゆる組織の標本が作製されました。

正常な組織の標本は、後に生きるアフリカゾウの病気を解明するための貴重なツールとなります。

臭気がとにかくつらく、格闘に次ぐ格闘で、さらに翌日には全身の筋肉痛で苦しめられることになりましたが、このとき強烈な体験とともに知識と技術を授けてくれたアフリカゾウのことを、ぼくは今でも時々思い出して感謝しています。解剖着の下にはお気に入りの服を着てはいけないという教訓とともに。

リスザルの連続死

動物園の獣医師から切迫《せっぱく》した電話がかかってきました。

「若いリスザルが2頭相次いで突然死しました。ほかのリスザルも調子が悪くて、このまま死亡するかもしれません。これから急いで遺体を搬送《はんそう》するので、死因を特定していただけませんか！」

同じところで飼育されている動物が何の兆候《ちょうこう》もなく立て続けに死ぬ場合、感染症や中毒、あるいは飼育環境の急変などが疑われます。早急に原因を究明して有効な対策を打たなければ、死は次々と連鎖《れんさ》し、たくさんの動物の命が失われかねません。

ぼくにとってリスザルは、非常に思い入れのある動物です。

というのも、ぼくは大学と大学院で長くリスザルを研究対象としており、博士論文も「リスザルと人に感染して病気を引き起こす病原体」を研究テーマにしていたからです。リスザルを捕獲《ほかく》して採血《さいけつ》することについては、「日本では誰にも負けない」というひそかな自負もあります。

学生時代に長くお世話になったリスザルたちのこれ以上の犠牲《ぎせい》は、何としても防がなくてはいけません。

遺体が届くまでの間に動物園の獣医師と飼育係へ状況を詳しく聞いたところ、与えているエサや飼育環境に問題はなさそう。病理診断にはあらゆる可能性を排除せずに臨みますが、一応、感染症の可能性は頭の隅に置いておきます。

ひと口に感染症といっても、その原因となる病原体は、ウイルス・細菌・真菌《しんきん》・寄生虫などさまざまです。病原体の種類によって治療に使う薬や対策は異なりますから、病理診断でこれを特定することは重要です。

病原体が大きければ光学顕微鏡で観察できますし、最近ではＰＣＲなどの技術（コロナ禍《か》でお世話になった方も多いでしょう）の普及によって、特定の病原体の遺伝子の検出が容易にできるようになりました。

ただし、病原体が見つかればそれで獣医病理医の仕事は終わりかというと、話はそう単純ではありません。

その病原体は致命的《ちめいてき》な悪さをせず「ただ存在しているだけ」という場合もありますから、本当に動物に病気を引き起こしたかどうか、つまり組織に病変をつくっているかどうかを、病理学的にきちんと精査《せいさ》する必要があります。

さらに、感染症が成立する過程には、感染源、感染経路、病原体の宿主（この場合はリスザル）の状態などの要因も複雑に関係しています。感染症に立ち向かうためには、これらを総合的に判断していかなければなりません。

病原性が強い病原体では感染のみで感染症が成立しますが、通常は感染症を引き起こさないような、病原性が弱い、あるいは常在《じょうざい》しているような病原体でも、動物が弱っていたり、飼育環境が大量の病原体で汚染《おせん》されていたりすれば、重い症状を引き起こすことがあります。

このように、ぼくたち獣医病理医は、常にさまざまな可能性を考えながら、遺体の病理解剖と病理診断に臨んでいます。

到着したリスザルの遺体を早速解剖台に乗せ、病理解剖を始めました。感染症が少しでも疑われる解剖の際は、消毒液の準備もいつもより念入りに行います。

まずは外見上の異常がないか確認します。体格はどうか、毛並みはどうか、栄養状態に問題はないか、天然孔《てんねんこう》（眼や耳、鼻、口、肛門など）に異常がないか。病理解剖ではメスを手にする前に、外から遺体を入念にチェックしていきます。外見上の観察が終わると今度はメスを持ち、開腹してお腹の臓器を観察していきます。基本的にはどんな動物でも、病理解剖の手順は同じです。毎回同じ手順を踏んで解剖を進めていかないと、重大な病変を見逃してしまう恐れがあるからです。

腹部の皮膚を切開して、腹壁《ふくへき》を開いてお腹の臓器を露出《ろしゅつ》させます。すると、大きく腫《は》れ上がった脾臓《ひぞう》が目に入りました。通常であれば脾臓は胃の後ろに隠れていて、開腹した時点で目に入ってくることはあまりありません。

脾臓は血液を濾過《ろか》するとともに、血液を介《かい》して流れてきた病原体を処理する重要な免疫器官でもあります。その脾臓が大きく腫れ上がっているということは、何かの感染症が疑われる所見《しょけん》です。

脾臓と同じく、肝臓も腫れ上がっています。肝臓も通常は胃と横隔膜《おうかくまく》の間にあって開腹した時点でそれほど見える臓器ではありませんが、腫大《しゅだい》（炎症などにより、組織や臓器が腫れて大きく膨れること）することで、消化管がお腹の下の方に押しやられています。おまけに肝臓には白い斑点《はんてん》がポツポツと観察されます。これも何かの感染症を示唆《しさ》する異常な変化です。

お腹の臓器を観察して一通り摘出した後、次は胸部の臓器を見ていきます。

肝臓を摘出したときに横隔膜を通して胸の中（胸腔）に何か違和感がありましたが、案の定、大量の液体（胸水《きょうすい》）が貯留《ちょりゅう》していました。胸部の臓器は、舌、唾液腺《だえきせん》、食道、気管、甲状腺《じょうせん》、心臓、肺と、頭部から胸部にかけての臓器をひとつながりにした状態で摘出します。

異常な所見は肺に見つかりました。肺は摘出したら通常、中の空気が自然と抜けて少し萎《しぼ》んだ状態になります。ところが、摘出してしばらく時間が経過したにもかかわらず、肺は萎むことなく膨らんだままの状態でした。おまけに真っ赤でみずみずしい見た目をしています。肺水腫《はいすいしゅ》という、いわゆる肺に水がたまっていることを示す所見です。

「トキソプラズマだ」

肉眼で確認できたのは、いずれもトキソプラズマ症という寄生虫病に特徴的な所見でした。

トキソプラズマは世界中にごくあたり前にいる小さな寄生虫です。ネコ科動物を筆頭《ひっとう》にあらゆる哺乳類と鳥類に感染し、人間には世界の人口の約3割、日本人の約1割に感染しているという報告もあります。人間に寄生するケースでは、ネコのふんから土いじりなどを通じて感染することが多いようです。

この寄生虫は、人間に感染しても基本的には害は大きくありません。ただし、エイズ患者のような免疫機能が低下している人では、重篤《じゅうとく》な症状が出ることがあります。また、妊娠中の女性が初めてトキソプラズマに感染すると、出産がうまくいかなかったり、生まれた赤ちゃんに障害《しょうがい》が出たりすることがありますから注意は必要です。

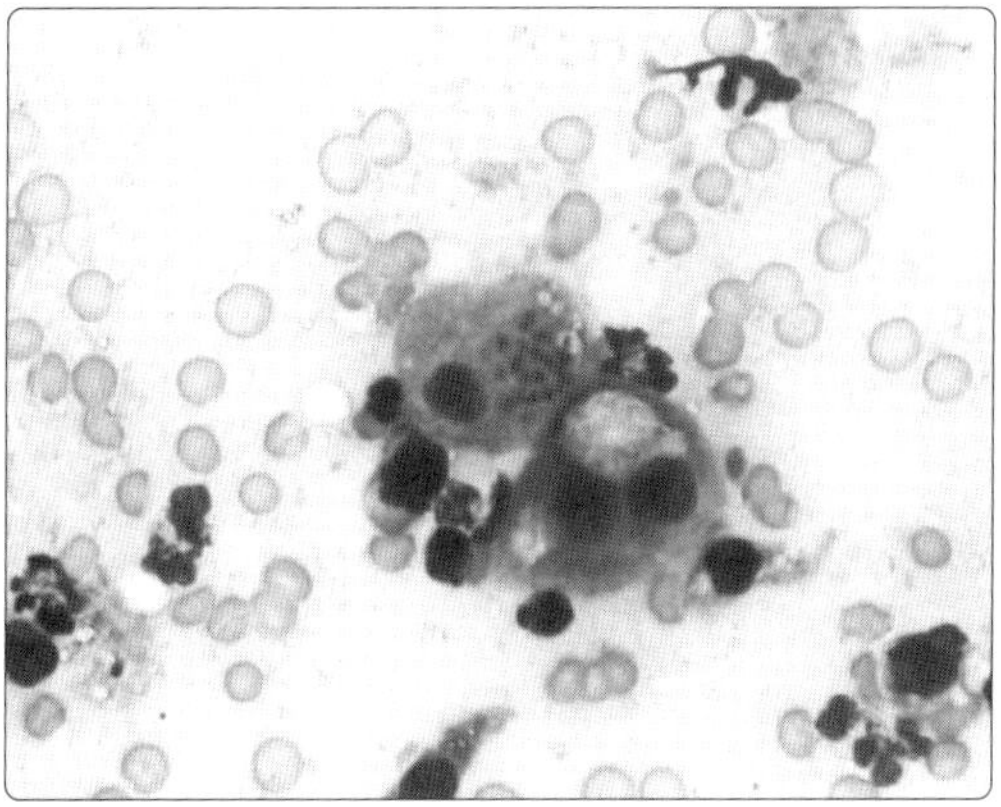

リスザルの肝臓のトキソプラズマ
（細胞診の顕微鏡写真）
トキソプラズマの診断を迅速にするために作製した細胞診標本。中央の細胞の細胞質の中に見られる小さな粒々がトキソプラズマ。

人に害は少ないトキソプラズマですが、リスザルには深刻な事態を引き起こします。リスザルはトキソプラズマに対する感受性がとても高く、感染すると治療する間もなく死んでしまうということがしばしば起こるのです。

もしリスザルの飼育エリアでトキソプラズマが発生しているとなると、最悪、エリア内のすべてのリスザルが死亡してしまうかもしれません。すでに2頭が亡くなっている時点で、一刻の猶予《ゆうよ》もありません。

通常、顕微鏡下で改めて確認するための組織標本をつくるのですが、組織標本はプレパラートができるまでに数日かかってしまいます。そのため、このときは肝臓の断面をスライドガラスに貼り付けて、細胞診《さいぼうしん》の標本も作製しました。細胞診はスライドガラスに細胞を貼り付けてから1時間以内にプレパラートが完成するので、迅速《じんそく》な診断を要する場合にしばしば利用しています。

予想した通り、細胞診標本からトキソプラズマが確認できたので、病理解剖を終えたその日のうちに動物園の獣医師に連絡し、まだ生きているリスザルたちにトキソプラズマ症の治療薬を急いで投与《とうよ》してもらいました。

実はこのとき観察された脾臓や肝臓の腫大などは、細菌感染症の際にも見られることがある病変です。もし病理解剖の時点で誤《あやま》って細菌感染症と判断して抗生物質《こうせいぶっしつ》を投与していたら……。トキソプラズマは寄生虫であり抗生物質が効かないため、様子を見ている間にみるみる状況が悪化し、連続する死を食い止めることはできなかったでしょう。病気を引き起こす原因がちがっても、同じような症状や病変をつくることが少なくないので、病理診断ではこの見極《みきわ》めがとても大切です。

リスザルの群《む》れでトキソプラズマ症が発生した原因にはさまざまな可能性が考えられます。

園内を野良猫が徘徊《はいかい》していたのかもしれませんし、飼育エリア内の土や与えていた水・エサなどにトキソプラズマが含まれていたのかもしれません。あるいはネズミやゴキブリなどが外からトキソプラズマを運んできたのかもしれません。

幸い投与した薬がよく効いたようで、弱っていたリスザルたちはしばらくすると回復し、このパンデミックは2頭の犠牲《ぎせい》が出た段階で収束させることができました。

迅速な病理診断が功を奏した事例です。

動物園や水族館には、たくさんの動物が飼育されています。その中にはエサやり体験などを通じて、来園する人と動物とが直接ふれ合えるところもあります。

そのふれ合いから万一、動物に感染症が発生し、それを見逃したら……。

動物が「密《みつ》」になっているような場所です。複数の動物に感染が広がり、最悪、飼育されているすべての動物が失われてしまうかもしれません。

また、その病気が人にも動物にも共通して感染するものであれば、動物だけでなく、飼育係や獣医師、来園者にも感染が広がる危険性だってあります。

ですから、病理解剖によって病気の原因を特定でき、動物の連続死や不審死《ふしんし》を食い止めることができたこのとき、ぼくは心から安堵《あんど》したのでした。

理想をいえば、1頭目が死亡した時点で、あるいはその前に異変に気づき、必要な対策が早急に打たれるべきです。しかし、現状では、最初の個体が死亡しても病気は見逃され、日があかないうちに2頭目、3頭目……と連続死が起きて初めて、感染症や中毒を疑った臨床獣医師から相談を受けるケースが少なくありません。

ぼくたち獣医病理医にできるのは、一頭の動物の死も無駄にすることなく、死後検査を通じて聴き取った「遺体の声」を、業界に広く共有していくことです。それが獣医療の理想に近づくための唯一の道だと、ぼくは考えています。

「カンガルー病」ではなかった

不思議と特定の種の動物の病理解剖の依頼が続くことがあります。ある時期には妙にヘビの遺体ばかりが持ち込まれたり、そうかと思えば猛禽類《もうきんるい》の遺体の持ち込みが続いたり……。それも、たいてい遺体の発生場所も依頼主も別なのです。

このときは、別々の動物園からカンガルーの遺体が3体続けて持ち込まれました。

カンガルーは、オーストラリアやタスマニアに生息する有袋類《ゆうたいるい》の仲間です。「カンガルー」というのは総称《そうしょう》で、大型のオオカンガルーやアカカンガルー、小型のワラビー、中間型のワラルーなど60種類ほどが知られています。日本の動物園にも多数飼育されていますから、みなさんも一度は生で目にしたことがあるでしょう。

野生下の彼らは、太い尻尾でバランスを取りながら発達した後ろ足でジャンプして高速移動します。大型種では時速60〜70キロメートルにも達します。ただ、動物園ではエサや水をあちこち探し回る必要がなく、襲《おそ》ってくる敵もいないので、のそのそと移動するか地面に気持ち良さそうに寝転んでいますよね。

彼らをもっとも特徴づけるのは、有袋類の名の由来でもあるお腹の袋でしょう。メスはお腹に子どもを育てるための「育児嚢《いくじのう》」と呼ばれる袋をもちます。育児嚢はイラストではドラえもんのポケットのように描かれることが多いですが、実際には思ったより開放していません。入り口は袋を閉じたようになっていて、非常に伸縮性《しんしゅくせい》があって大きく広がるようになっています。また、カンガルーの育児嚢は入り口が上を向いていますが、同じ有袋類であるコアラやウォンバットの育児嚢は入り口がお尻の方を向いています。ペットとして人気のフクロモモンガでは、入り口が真ん中にあってまるで巾着袋《きんちゃくぶくろ》のようです。このように、ひと口に有袋類といっても、育児嚢の特徴は種によって異なります。

カンガルーには通称「カンガルー病」という、カンガルーに特有の病気があります。カンガルー病は海外ではMacropod progressive periodontal disease（MPPD）と呼ばれており、その名が意味するのは「カンガルー類（Macropod）の進行性（progressive）の歯周病《ししゅうびょう》（periodontal disease）」。何らかの原因で歯肉が傷ついて細菌が侵入し、顔面の軟部組織や顎《あご》の骨が化膿《かのう》して腫れ上がる病気です。

進行性とあるように、初期には歯肉炎《しにくえん》ですが、そのうち顎の骨まで侵されて十分な量のエサが食べられなくなり、さらに悪くなると全身の臓器に感染が波及《はきゅう》して死に至ることもありますから、決して見過ごしてはいけない病気なのです。

カンガルー病の詳しい発症メカニズムはまだよくわかっていませんが、飼育環境、エサ、ストレス、カンガルー特有の臼歯《きゅうし》の生え変わりなど、さまざまな要因が複雑に関与していると考えられています。カンガルーは分類学的にはコアラやウォンバットなどとともに双前歯《そうぜんし》目《もく》というグループに属しており、その名の通り下顎に2本の切歯《せっし》（前歯のこと）があります。この2本の切歯が前方に突き出るように生えているのが特徴です。また、臼歯（奥歯のこと）の一部が水平置換《すいへいちかん》といって、まるでベルトコンベアみたいに奥から新しい臼歯が古い臼歯を前方へ押し出すように生えてきます。ちなみに前々項で紹介したゾウも臼歯が水平置換します。

動物園で飼われているカンガルーで頻繁に見られるこの病気は、野生下のカンガルーにはほとんど観察されません。この類いの、「野生下では見られないけど動物園や水族館などの飼育下ではよく見られる動物の病気」というのはけっこうあるのです。

さて、先に送られてきていた2頭のカンガルーの死因は、このカンガルー病でした。顎が感染によって膨らんでいて、肺や肝臓にも細菌を含んだ膿瘍《のうよう》（膿《うみ》がたまったもの）がつくられていました。

よくあるケースです。

3頭目のカンガルーも、「カンガルー病にかかっていたため、定期的に捕獲して顎や口の中の処置をしていたのだが、前回の治療後、数日後に突然死した」ということでした。

カンガルー病の治療中だったということですから、それが死因に関係している可能性はあります。

ところが、遺体の口腔を観察して、違和感を覚えました。たしかに口の中にカンガルー病特有の炎症は見られるのですが、炎症範囲が歯肉の部分に限られていたのです。この点については、定期的な治療が功を奏していたのでしょう。

動物園ではカンガルー病が死因だと疑っているようでしたが、獣医病理医としては、全身の組織を調べ終えるまで死因の断定はできません。予断《よだん》を排《はい》し、臓器を一つずつ観察して見たままの変化を捉えていきます。

肝臓はきれい。

肺もきれい。

ほかの主要な臓器にも感染症の痕跡《こんせき》は見られない。

病理解剖の時点では、明らかな病変は見つかりませんでした。一般には誤解されることも多いですが、病理解剖だけで死因を明らかにできるケースは、実は少ないのです。解剖で異常な所見がなかったからといって、病気がないとは限りません。ほとんどの場合は組織標本を作製して、光学顕微鏡で細胞や組織レベルまで詳細に観察しなければ、死因を特定することができないのです。

このケースでも肉眼的には軽度のカンガルー病はあったものの、ほかの臓器も含めて明らかに死に直結するような変化は確認できませんでした。

次に、全身の臓器を顕微鏡で調べます。

順番に確認していくと、腎臓に異常が見つかりました。急性腎障害によって、短期間のうちに腎機能が低下して死亡したことがわかったのです。

死因は腎障害だとして、次は腎障害を引き起こした原因を突き止めなければなりません。すると、骨格筋や心筋の細胞が壊死《えし》して構造が崩壊していることに気づきました。

骨格筋や心筋の壊死が起き、壊れた筋肉からミオグロビンというタンパク質が血中に大量放出されたことで、血液を濾過して尿《にょう》をつくっている腎臓が障害された——そんな物語〈ストーリー〉が浮かび上がります。

改めて動物園の獣医師に「最近、この子に普段と変わったことは起きませんでしたか？」と問い合わせてみると、「そういえば、先日担当の飼育係が替わって、カンガルー病の治療のために捕獲する際にずいぶん手間取りました」と言います。

これで、断片的だった病気のストーリーがつながりました。

捕獲や移動の際に激しく暴れた動物は、交感神経《こうかんしんけい》の過度な興奮や、激しい運動で過剰に生じた乳酸《にゅうさん》や熱、循環障害などで、筋肉の障害を起こすことがあります。これを捕獲性筋疾患《ほかくせいきんしっかん》といいます。

このカンガルーは慣れない飼育係が作業に手間取ったことで、捕獲性筋疾患を起こし、そこから急性腎障害が誘発《ゆうはつ》されて亡くなったということが考えられました。

捕獲性筋疾患による死亡事故は、動物園や水族館、傷ついた野生鳥獣《ちょうじゅう》の救護《きゅうご》など、動物を捕獲したり移動させたりするシーンで時々起こります。

獣医師と飼育係には、今後、カンガルーを捕獲する際には細心の注意を払い、場合によっては麻酔薬《ますいやく》を使うことも検討するよう伝えました。

「病理解剖において予断を排して観察に徹《てっ》する姿勢《しせい》」
「治療のために動物を捕獲する際に起きうる事故について知っておくべきこと」
「普段とちがうことでアクシデントが発生する可能性」
「捕獲作業に習熟することの大切さ」……

この1頭のカンガルーの死は、ぼくたち動物に携わる人間にいくつもの教訓《きょうくん》を与えてくれました。

このカンガルーは、カンガルー病に罹患はしていたものの亡くなる直前まで元気に跳び回っていたそうです。不幸な事故によって亡くなったことは悲しいですが、どのようにして死に至ったかを知り、その過程に人の過ちがあれば二度と同じことをくり返さないよう、ぼくたちは一つ一つの死からの学びを、胸に刻んでいかなくてはなりません。

謎の遺体の正体は

ある冬の日、「正体不明の動物が家の庭先で死んでいたので、調べてほしい」という依頼が舞い込みました。

持ち込まれた遺体は体長60センチメートルほど。体毛がほとんどなく、『ハリー・ポッター』の映画に出てくる屋敷《やしき》しもべ妖精《ようせい》のような見た目をしています。

たしかに、その姿かたちからは何の動物だか判別できません。

しかし、遺体袋を開けた途端、ぼくにはその遺体の正体にアタリがつきました。交通事故にあった動物の遺体から散々嗅いできたにおい――「ある病気にかかったタヌキのにおい」としか形容できない、独特の強い臭気が漂《ただよ》ってきたのです。

具体的に言葉で表現することは難しいのですが、動物にはそれぞれ特有のにおいがあって、遺体袋を開けた瞬間にどんな動物かわかる場合があります。タヌキのにおい、カワウのにおい、インコのにおい、猛禽類のにおい、ニホンザルのにおい、マーモセットのにおい、リスザルのにおい、ウサギのにおい……。身近な動物ではイヌとネコもにおいが全然ちがいますが、ネコとライオンやトラなど、系統的《けいとうてき》に近縁《きんえん》の動物はやはり似たようなにおいがします。

今回の場合もにおいで何の動物か予想できましたが、一応、体の各部の特徴を突き合わせてみたところ、果たして謎の遺体は推測どおり、タヌキでした。

ただ、体はガリガリに痩《や》せて、さらに全身の毛も抜け落ちており、皮膚のあちこちがゴツゴツと肥厚《ひこう》してフケだらけです。

そこに図鑑やテレビで見る、ふっくらとしたかわいらしいフォルムの「タヌキ」の面影《おもかげ》はありません。

ゴツゴツと肥厚している皮膚は、「疥癬《かいせん》」という獣医療の現場ではメジャーな皮膚病の特徴的な所見でした。多くの動物がかかる病気なので、獣医療に携わる人間であれば、ひと目で診断ができます。

疥癬は、ヒゼンダニという体長0・3ミリメートルほどの小さなダニの一種が動物の皮膚に寄生して起こる、激しい痒《かゆ》みを伴う皮膚病です。

ヒゼンダニのメスは、寄生した動物の皮膚の角質層《かくしつそう》という表面に近いところで、「疥癬トンネル」と呼ばれる横穴を掘って移動しながら産卵します。

このとき宿主動物の免疫機能が低下していると全身でダニが増殖し、皮膚が分厚《ぶあつ》くなったりガサガサになってはがれたりします（これを角化亢進《かくかこうしん》といいます）。5ミリメートル四方の患部に100匹以上のダニが寄生していることもあります。

また、ダニの寄生による皮膚炎で絶え間ない痒みに苛《さいな》まれた動物は、皮膚を掻《か》きむしり、細菌の二次感染が起こって症状が重篤になることがあります。

ヒゼンダニには複数の種がいて、タヌキはもちろん、イヌ、ネコ、モルモット、ウサギ、フェレット、ブタ、ヒツジ、ウマなど、それぞれの動物（宿主）を好む変種がいます。動物同士の接触で容易にうつりますが、繁殖ができるのは同じ動物種の間だけで、種を超えて一時的に感染が起きても寄生先で増殖することはありません。

人に寄生するヒトヒゼンダニでは、高齢者施設や病院など、免疫機能が低下している人が長期にわたって集団生活する場で、しばしば集団感染が起きます。

幸いなことに、ヒゼンダニにはイベルメクチンをはじめ効果的な駆虫薬《くちゅうやく》があるので、人やペットに疥癬が発生した場合は速やかに治療することができます。

ただし、イヌに駆虫薬を投与する場合には、フィラリア症にかかっていないかどうか検査をしなければなりません。フィラリアは蚊によって媒介《ばいかい》されて、心臓や肺動脈に寄生する寄生虫です。もしフィラリア症にかかっていたら、駆虫薬の投与によってフィラリアという寄生虫が体内で死滅し、ショック症状を起こしてしまう危険があります。また、最近ではイベルメクチンに耐性《たいせい》を持ったダニの存在も確認されており、その場合は治療が長期化する可能性があります。

さらに、もし医療にアクセスできない野生動物が疥癬にかかれば、自然治癒を期待するしかありません。

かわいそうに、タヌキは全身を疥癬に冒《おか》され、猛烈《もうれつ》な痒みに苛まれていたことでしょう。自ら体毛をむしり皮膚を傷つけながら、少しでも痒みを和らげようと必死だったはずです。しかし、ヒゼンダニはタヌキの体でますます増殖し、苦痛は日に日に増していった。体毛を失い冬の寒さに震《ふる》え、ダニに苦しめられ、食欲を失い、体が弱り、ついには命を消耗《しょうもう》しきって民家の庭先で事切れた――。

長く苦しんだことが読み取れる無残な遺体を前に、解剖中は冷静に感情を抑えるようにしているぼくも、さすがに憐憫《れんびん》の情を禁じ得ませんでした。

もう痒みに苦しむことがないのが、唯一の救いでしょうか。

病理解剖をする前の段階で、謎の遺体の正体が「疥癬に冒されたタヌキ」であることはわかりました。

しかし、せっかく遺体を提供《ていきょう》してもらったのですから、ぼくは「この哀れなタヌキの死から、ほかにも何か学べることはないだろうか」と全身の臓器を余すところなく摘出して調べてみることにしました。

すると、顕微鏡下で肝臓と脾臓、そして脳からも、トキソプラズマというヒゼンダニよりもさらに小さな寄生虫が見つかりました。「リスザルの連続死」で取り上げた、あのトキソプラズマです。

つまりこのタヌキは、体中の皮膚のヒゼンダニのほかに、トキソプラズマにも全身を冒されていたのです。

ヒゼンダニとトキソプラズマのどちらが先に寄生していたかはわかりません。ただ、疥癬がここまで重症だったことを考えると、「タヌキは全身をトキソプラズマに冒されたことで状態が悪化し、自然治癒が望めないほどのヒゼンダニの増殖を許してしまった」という物語〈ストーリー〉は成立する可能性が高いように思えました。

皮膚病が著《いちじる》しく悪化して亡くなったり、道路をふらふらと横切って交通事故死したりする野生動物がしばしばいます。そのような動物の中には、もしかするとこのタヌキのように複数の病原体に体をむしばまれて衰弱《すいじゃく》していたものがいるのかもしれません。

近年、野生動物の住宅地への出現、農作物の食害、あるいは狩猟《しゅりょう》やジビエに象徴されるように、人と野生動物との距離が近くなってきています。しかし、野生動物がどのような病気にかかり、どのように死亡しているのかについては、これまでほとんど調べられていません。

野生動物由来の病気が、人やペット、動物園や水族館の動物、家畜《かちく》などにとって、どの程度危険なのかも評価されていません。

野生動物との直接または間接的な接触によって、野生動物由来の病原体がぼくたちの社会に持ち込まれる可能性だって十分あるはずです。しかし具体的な病気の種類は把握されておらず、症状や対策なども考えられていません。タヌキに寄生していたトキソプラズマは、人にも容易に寄生する寄生虫なのです。

ぼくは常々、日本には動物の病気や死因を調査して情報を発信する「動物の死因究明センター」が必要だと訴《うった》えていますが、その中には当然野生動物も含めるべきだと思っています。

海外に目を向けると、狂犬病《きょうけんびょう》やエボラ出血熱、高病原性鳥インフルエンザ、SARS、MERS、口蹄疫《こうていえき》など、野生動物由来の重要な感染症が多く存在しており、それらの発生国では積極的に野生動物の病気や病原体を調査しています。

現代のグローバル社会では病気に国境はありません。

マダニが媒介する重症《じゅうしょう》熱性《ねっせい》血小板《けっしょうばん》減少《げんしょう》症候群《しょうこうぐん》（ＳＦＴＳ）など野生動物に由来し人にも感染する感染症は、日本でもたびたび患者が発生して問題となっています。

日本も諸外国と同様に、国を挙げて、急いで野生動物の病気や死の調査をするシステムをつくるべきでしょう。

国内に今すぐ充実した設備を整えるというのは、法整備や予算の関係でハードルが高いことかもしれません。

しかし、野生動物の遺体を病理解剖して死因を調べることなら、解剖器具と解剖できる場所さえあれば可能ですから、そう難しくはありません。

実際、ぼく自身はよく体一つで動物園や水族館、動物病院などに出向いて病理解剖をしています。死因を詳しく調べるための病理標本も、そこまで手間のかかるものではありませんから、自分で作製します。病理解剖した遺体の臓器の一部を保存して、後々必要となったときにさまざまな検査をすることもあります。

今は個人でできることをやっている段階ですが、将来的には、ぼくと同じようなことを考えている専門家たちと協力して、国内に「動物死因究明センター」を設立したいと考えています。

そのために、ぼくは日頃から病理解剖の依頼があればいつでも動けるよう準備するとともに、定期的に勉強会を開催するなどして、死んだ動物から多くのことを学ぶために、さまざまな領域の専門家とのネットワークの構築に取り組んでいます。

第2章

「この子は最期に苦しみましたか？」

「病理解剖してよかった」

ぼくが普段行っている動物の病理解剖の多くは、動物病院・動物園・水族館などの臨床獣医師からの依頼によるものですが、それとは別に一般のご家庭の飼い主さんから直接頼まれてペットの遺体の病理解剖を行うことが時々あります。

近年、一般家庭で飼育されている動物とその飼い主である人との結びつきが強くなり、イヌやネコは単なる所有物から家族同然の存在に変わりました。それに伴い、かつて「愛玩《あいがん》動物」と呼ばれていたペットは、今では「伴侶《はんりょ》動物」と呼ばれています。

家族であるペットを亡くした飼い主さんが、「この子はなぜ死んだのだろうか?」「最期《さいご》に苦しんだだろうか?」という疑問を持つのは自然なことです。

動物の死と向き合い、その死の原因を知ろうとすることは、動物にとっても飼い主さんにとっても、そしてぼくたち獣医療に携わる者にとっても、非常によいことだと思います。

遺体が持ち込まれたその雑種《ざっしゅ》のネコは、すでに8歳の頃に、動物病院の健康診断で「腎臓の働きが悪くなっている」と指摘されていたといいます。

この子はその後、定期的な投薬や食事療法などを続けていましたが、加齢に伴って腎機能が徐々に低下していき、14歳のときに慢性腎臓病による尿毒症《にょうどくしょう》で亡くなりました。

遺体を直接持ってこられた飼い主さんは50歳前後の男性でした。

ネコは家族同然だったのでしょう。

目は潤《うる》み、鼻は赤く、ひとしきり泣いた後という様子で、一見して深い悲しみの中におられることがわかりました。

そのような中で、「愛猫《あいびょう》の体の中で起こっていたことを知るために」と献体《けんたい》してくださったのでした。

腎臓は、血液を濾過して老廃物《ろうはいぶつ》（尿毒素）や余分な塩分・水分を排出したり、必要なものは再吸収したりして、体液のバランスを一定に保つ重要な器官です。この腎臓の働きが悪くなると尿が出なくなり、排出されなくなった老廃物が全身のさまざまな臓器に悪影響を与えます。

亡くなったネコの病理解剖を進めていくと、この子の体にも口内炎《こうないえん》や舌の潰瘍、胃炎、肺《はい》炎《えん》など多くの異常が見つかりました。

そして、本丸である腎臓は色褪《いろあ》せて、小さく萎んで、本来役目を果たすべき細胞の大部分が線維《せんい》に置き換わっていました。

肉眼でも明らかにわかる異常です。

長年にわたって慢性腎臓病と闘った腎臓の「なれの果て」がそこにはありました。

このようにして命を落とすネコは多いのです。

ネコの死因となる二大疾病《しっぺい》は、「がん」と「腎臓病」です。

そして、直接の死因は腎臓以外にあっても、念のために遺体をくまなく診てみると、腎臓

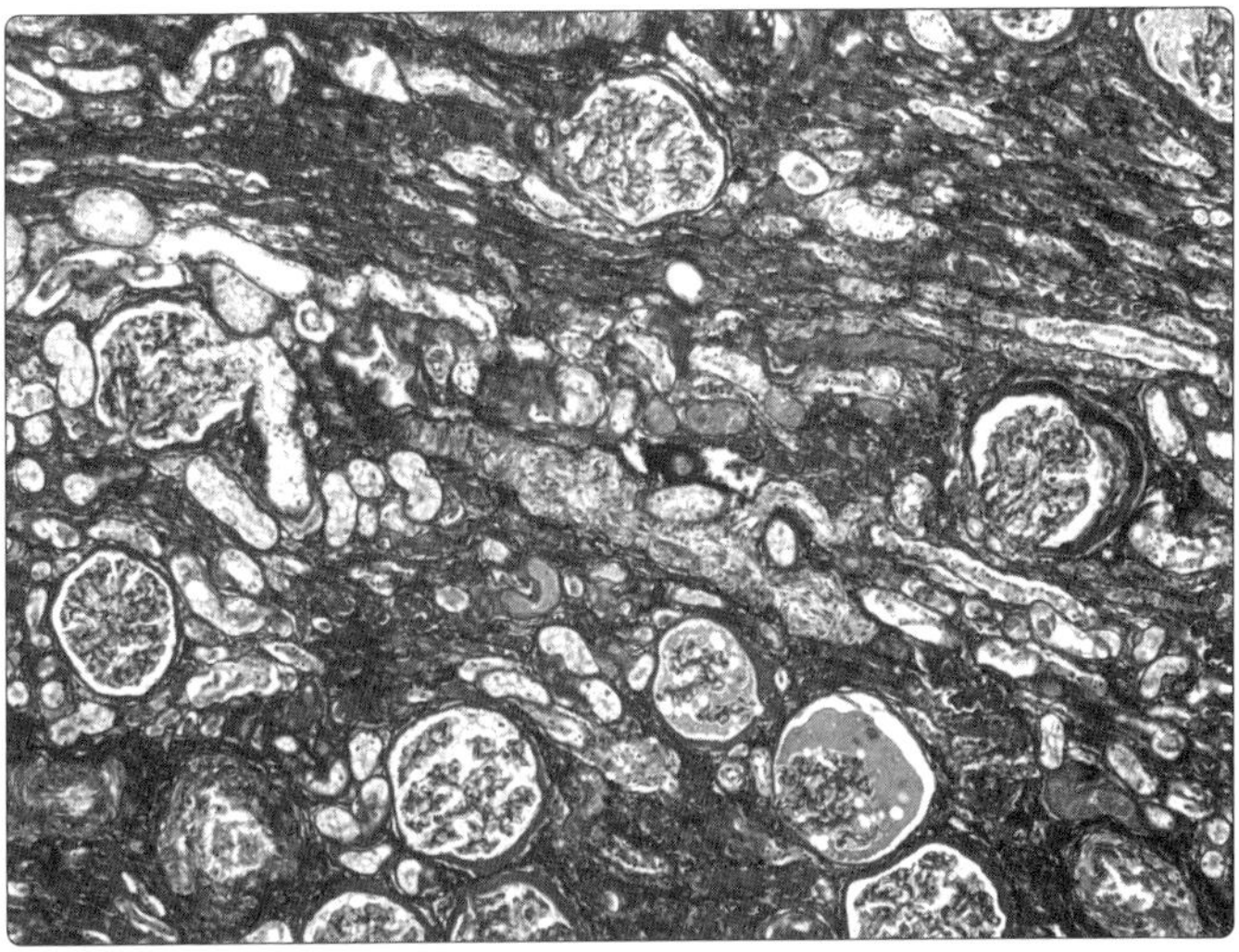

線維化したライオンの腎臓 （顕微鏡写真）

腎不全で死亡した高齢ライオンの腎臓。線維化のために硬くなっている。ネコと同じように、ネコ科のライオンやトラも歳をとると腎臓が悪くなることが多い。

がボロボロであることがよくあります。これはネコの品種によらず、高齢になるほど発生頻度が高くなります。一方で、高齢で腎臓が相当悪そうに見えても、顕微鏡で観察してみるとそれほど悪くなっていない場合もあります。

ネコが腎臓病になりやすい原因はさまざま挙げられていますが、ネコ科動物の腎臓が先天的《せんてんてき》に老廃物で目詰《めづ》まりを起こしやすいことがその一因ともいわれています。

ですから、すべてのネコの飼い主さんは「ネコは腎臓が弱い動物だ」ということを念頭に置いて、飼いネコがなるべく若いうちから動物病院で定期的な健康診断や血液検査を行うようにしてください。腎機能に低下の兆候があれば食事や投薬などで負担を減らしてあげましょう。

このときの飼い主さんがぼくに病理解剖を依頼した背景には、「自分の飼い方がよくなかったせいで腎臓が悪くなったのではないか」という不安が少なからずあったようです。

慢性腎臓病は長生きしたネコの宿命《しゅくめい》のようなものですから、明確な原因がないことも多々あります。このネコも、「なれの果て」の腎臓病と尿毒症による病変は観察できますが、腎臓が悪くなった決定的な原因は特定できませんでした。ただ、飼い主さんに飼育状況を詳しくヒアリングし、もっとも心配されていた飼い方には問題はなかったのだろうと推測できました。8歳ですでに腎臓が悪くなっていたネコが14歳まで生きたというのは、獣医療の現場においては大往生《だいおうじょう》といえます。

「決定的な原因はわかりませんが、飼い方に問題はなかったでしょう。それどころか、早めに病気を見つけて、適切な治療を続けてあげていたことで、この子は本来よりもずっと長く生きることができたはずです。大切に飼われて、幸せな生涯《しょうがい》だったと思いますよ」

獣医病理医としての客観的な見解を伝えると、飼い主さんは感極《かんきわ》まったのか、声を震わせて泣き出しました。

「この子の病気がどこまで進行していて、どのようにして亡くなったかを知ることができました。病理解剖をしてもらってよかった……」

「病理解剖をしてよかった」

依頼主からしばしばいただくこの言葉に、ぼくはいつも報《むく》われる思いがします。正直に

告白すれば、個人の方からの病理解剖の依頼を受け続けるのは、けっこう大変なのです。

動物病院や動物園・水族館といった機関から依頼される通常の業務でしたら、先方も依頼に慣れており、また規則的な時間で動いていますが、個人の方だとそうはいきません。依頼に不慣れなこともあり、受付から相談、受け入れ、病理解剖までに何度もやり取りが必要で、相当な労力を使います。

そうしているうちにも遺体は死後変化が急速に進んで本来見えたはずの病変を隠してしまうので、病理解剖は動物の死後なるべく早く始めなくてはなりません。

ですからこの仕事は、常に時間との戦いです。

依頼が入れば、休日どころか昼夜もお構いなし。過去にはクリスマスイブの通常業務の終了後に、家族団らんの予定をキャンセルして解剖台に向かうこともありました。

それでいて金銭的なメリットがあるかというと、ぼくは個人の方からの依頼については実《じっ》費《ぴ》しかいただいていません。場合によってはぼくたちの勉強のためにと、無償で病理解剖をお受けすることもあります。

たとえ負担が大きくても、ぼくが個人の方からの依頼を受けて病理解剖を続けているのは、「死んだ動物から少しでも多くのことを学びたい」という強い思いがあるからです。

動物はしゃべることができません。

しかし、その遺体には膨大な情報が刻まれています。

どうやって亡くなったのか。

飼育や管理方法には問題がなかったのか。

生前の動物病院での診断は正しかったのか。

治療に効果はあったのか、副作用《ふくさよう》はなかったのか……。

病理解剖で読み取れるこれらの情報は、一つ一つの事例では、臨床獣医師、飼育係、ペットの飼い主さんの「なぜ死んでしまったのか」という疑問に答えることになります。そうやって得られた情報はその後の臨床診断や飼育につなげることができます。

そして、よりマクロな視点で見れば、獣医療や獣医学をいっそう発展させるものでもあります。

一つの死が、未来の多くの命を救うことにつながるのです。

ですから、家族を失った直後の深い悲しみの中で、悩みながらも病理解剖を決断してくれた飼い主さんに、ぼくは深く感謝をしています。

その思いに応えるために、労働時間が不規則になろうが、腰を悪くしようが、病原体への感染の危険があろうが、持ち込まれた遺体と真摯に向き合う。

病理検査を通じて物言わぬ子たちの「メッセージ」を読み取り、死に至るまでの経緯や、その動物が病気とどのように闘ってきたのかを飼い主さんにわかりやすく説明する。

そうして、飼い主さんに「死に納得した」あるいは「死を受け入れることができた」と言っていただいたときには、「この仕事をしていて本当によかった」と心の底からうれしくなります。

動物のおくりびと

「一晩よく考えたうえで、それでも希望されるなら、明日、遺体をお持ちください」

ぼくが個人の飼い主さんから病理解剖の相談をいただいたときに、まずかける言葉です。

動物が死ぬとその体はすぐに死後変化が始まり、時間が経てば経つほど死因を特定することが難しくなります。結果に正確さを求めるなら、すぐにでも病理解剖を始めたいところ。

しかし、それでもぼくは、飼い主さんには遺体と一晩を一緒に過ごして気持ちの整理をつけてもらい、そのうえで気持ちが変わらなければ、改めて依頼をしてもらうようにお願いしています。

ペットの家族化が進むにつれて、病理解剖の依頼は年々減っています。最近では本当に貴重な機会となりました。

獣医病理医としては、「できるだけ多くの遺体を病理解剖して、得られる知見を後の命につなげたい」というのが本音です。

最初にふるいにかけて、病理解剖できる機会をわざわざ減らすのは不利益なことなのかもしれません。

しかし、飼い主さんにとって、ずっと一緒に過ごしてきたペットが亡くなった直後の気が動転している状態で「病理解剖をするか／しないか」を決断するのは難しいことです。

病理解剖によって死の真相《しんそう》が明らかになれば、飼い主さんは死を納得して受け入れ、悲しみからいくらか救われるかもしれません。

一方で、病理解剖はどうしても遺体にメスを入れることになりますから、そのことを後にずっとひきずるかもしれません。

特に、病理解剖をしても明確な死因が特定できなかった場合、「無駄に体を切り刻んだだけだった」という後悔は大きいでしょう。

ぼくとしては、病理解剖の機会はできるだけ逃したくありません。

しかし、かけがえのない家族の一員を失った当の本人である飼い主さんが「病理解剖をしない」という結論に至れば、それは最大限に尊重《そんちょう》しなければなりません。

15歳のオスのチワワの飼い主さんから、病理解剖の相談がありました。息苦しそうにしたかと思ったら、急に亡くなったといいます。

このチワワは以前から僧帽弁閉鎖不全症《そうぼうべんへいさふぜんしょう》という病気を患《わずら》っており、動物病院にかかって内服薬での治療と食事療法を続けていたそうです。

僧帽弁閉鎖不全症は、心臓の弁の一つである僧帽弁が変性してきちんと閉じなくなり、体中に血液をうまく循環させることができなくなる病気です。

僧帽弁がうまく機能しなくなると、心室《しんしつ》から心房《しんぼう》へ血液が逆流して心臓に大きな負担がかかり、また、全身に十分な血液が送り出せなくなりますから肺にも負担がかかって息切れや咳《せき》、呼吸困難が起こります。そして、うっ血性心不全《けつせいしんふぜん》を引き起こして突然死することもあります。

僧帽弁が分厚くなる原因の一つが加齢で、ある程度歳をとった小型犬には多い病気です。

「動物病院の先生に不信感はないんです。ないんですけど、治療の効果が実際はどの程度あったのか知りたいんです！」

飼い主さんは愛犬を突然失ったことで、ひどく気が動転しておられるようでした。電話越しに、悲しみ、後悔、怒り、混乱などの感情が伝わってきます。

「獣医師に不信感はない」とおっしゃってはいましたが、いくらか疑心暗鬼《ぎしんあんき》になられているようでもありました。

ですからやはり、このときも、ぼくは一通り話を聞いたうえで、「一晩よく考えて、それでも気持ちが変わらなければ明日改めてご依頼ください」と伝えました。

病理解剖をするにしてもしないにしても、飼い主さんにまったく後悔が生じないということはありません。それでも、亡くなったペットと一晩を一緒に過ごしたうえでの決断であれば、飼い主さんもある程度は受け入れることができます。

結局、翌日までにご家族から「解剖するなんて残酷でかわいそう」という強い反対があり、病理解剖の依頼は取り下げられました。

「昨日話を聞いてもらえたことで、ある程度はスッキリしました」とのことでした。

チワワにおける15歳というのは、いつ亡くなってもおかしくない高齢です。持病《じびょう》があって15歳まで生きられたのですから、おそらく大切に飼われていたのでしょう。

このように、落ち着いて考えてもらった結果、病理解剖に至らないケースはよくあります。一晩考えてそれでも病理解剖を希望される方、やっぱり病理解剖はしないと依頼を取り下げる方、およそ半々でしょうか。

長い間を家族同然に過ごしていたペットを亡くした飼い主さんの悲しみは計り知れません。ですから、ぼくは献体いただいた飼い主さんの気持ちにはできるだけ寄り添い、遺体に敬《けい》意《い》を持って接することを心がけています。そのために、遺体を極力損壊《そんかい》せずに病理解剖する技術も磨《みが》いてきました。そこには遺体を切り刻むという感覚は一切ありません。

切開部位はできるだけ最小限にし、臓器の摘出後は傷口を縫合《ほうごう》して切ったことをわかりにくくし、体表をきれいに清拭《せいしき》してご家族にお返しする、「コスメティック剖検」と呼ばれる技術です。

人のご遺体でも同じような配慮《はいりょ》はなされますが、動物は全身が被毛《ひもう》におおわれているぶん、気をつけて処置をすれば意外と解剖跡は目立ちません。

コスメティック剖検を行った遺体をお返しすると、飼い主さんや臨床獣医師から「とても解剖したとは思えないきれいな状態で帰ってきた」と喜んでもらえます。

『おくりびと』という映画には、故人のご遺体の復元処置をし、全身を清拭してきれいにお棺《かん》に納める「納棺師《のうかんし》」という専門職が登場します。飼い主さんがペットを大切に思う気持ちは年々強くなってきています。それに伴って、動物の病理解剖も厳粛《げんしゅく》な態度で臨み、遺体をより丁寧に扱うようになってきました。最近の獣医病理医は、飼い主さんの気持ちに寄り添いながら、動物の最期の姿を見届ける「おくりびと」でもあるのかもしれません。

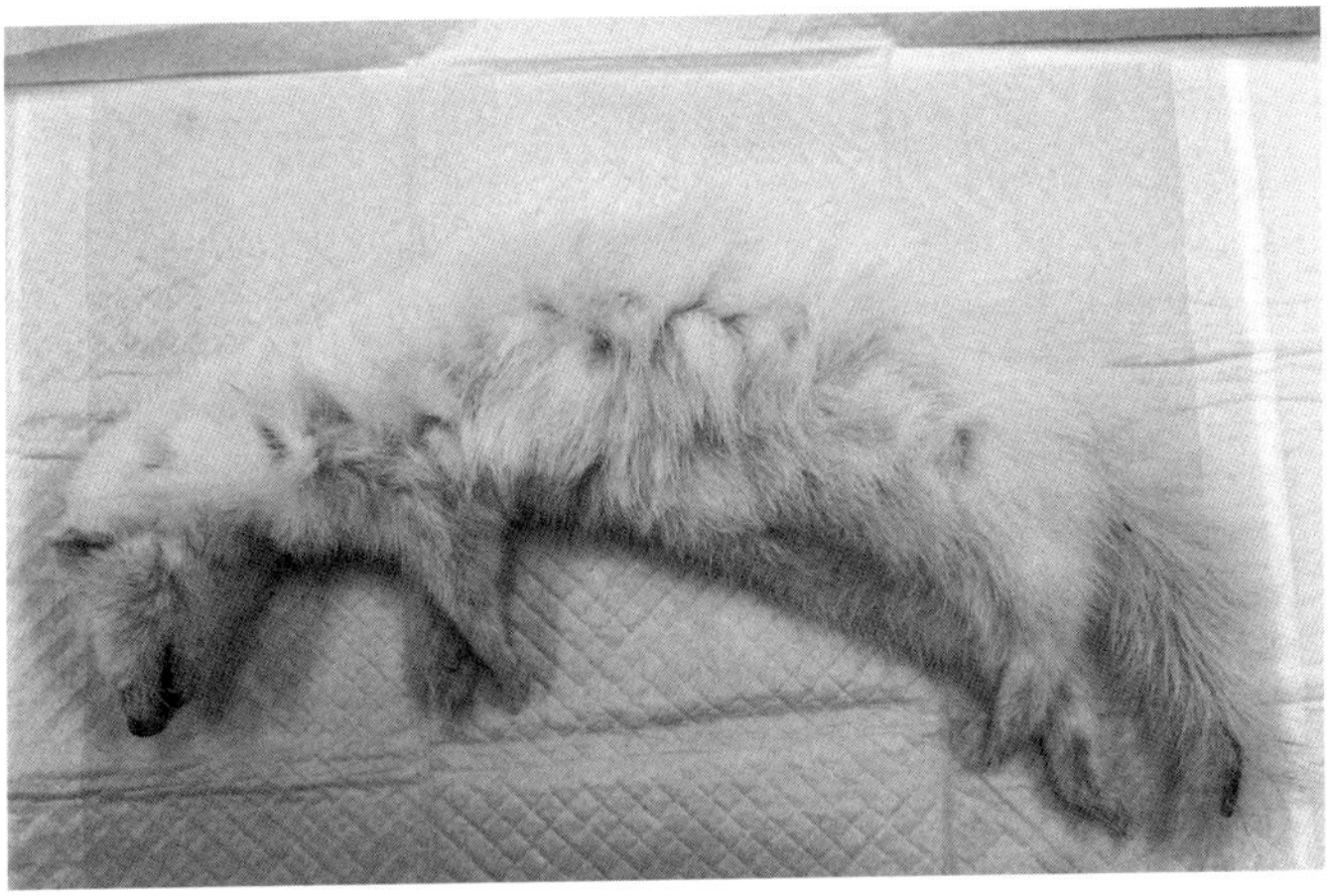

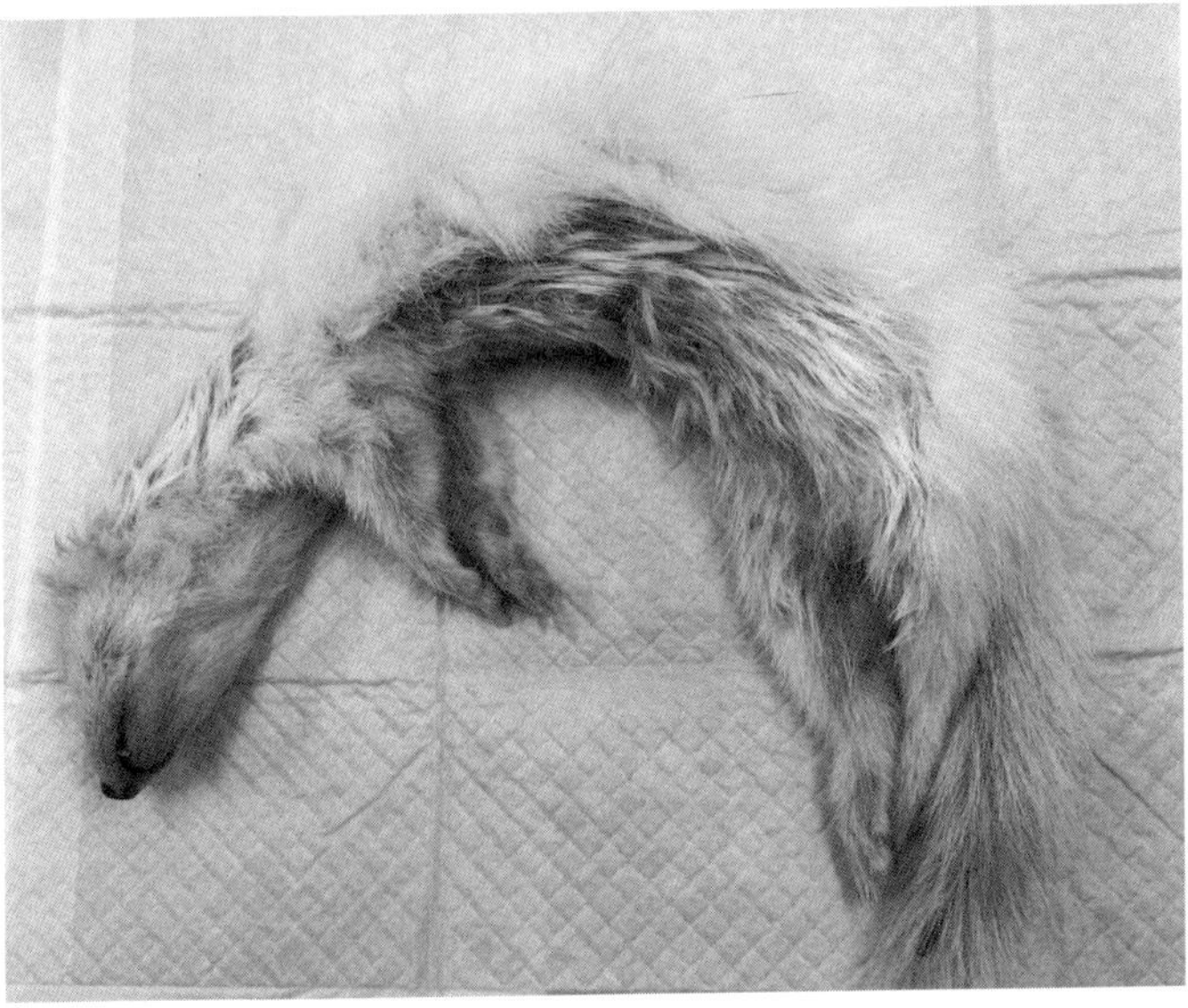

コスメティック剖検前（上）**と後**（下）　下の写真は、皮膚を縫合した剖検直後のもの。ここからさらに清拭してドライヤーで毛を乾かす。

意図せぬ虐待

冷たい雨が降っていたある冬の朝、ペットとして飼われていた10歳のバーニーズ・マウンテン・ドッグの遺体が持ち込まれました。黒白茶の長い毛が特徴的な大型犬で、温和《おんわ》な性格で人間の指示をよくきくため、古くから牧羊犬《ぼくようけん》などにも利用されてきた犬種です。

ペットの剖検依頼の多くは動物病院の臨床獣医師からのものですが、このときは飼い主さんからの直接の依頼で、「昨日亡くなった愛犬を献体するので、学問に役立ててほしい」とのことでした。

近年は、特にイヌやネコといった伴侶《はんりょ》動物を病理解剖できる機会が少なくなってきているので、大変ありがたい話です。

まず、飼い主さんから亡くなった経緯を聞き取ります。

性別や年齢といった基本的な情報から、飼育環境、既往歴《きおうれき》、亡くなるまでの経過、病理解剖によって何が知りたいのか……。

大切なご遺体を病理解剖させていただくのですから、その子の死を無駄にせず、未来の動物の生へとつなげるために、できるだけの情報を引き出しておきます。

「子犬の頃から屋外で飼育していて健康状態も良好だったが、1年ほど前から疲れることが多く咳を繰り返し具合が悪かった」とのこと。

ただ、「年のせいだろう」と思い様子を見ていたらひと月ほどで咳が止まって元気になり、結局、動物病院には連れて行かなかったといいます。

一般的にバーニーズ・マウンテン・ドッグはイヌの中では短命で、寿命は7~11年とされています。10歳なら、たしかに高齢の部類です。

しかし、元気になったのは一時的で、その後だんだんと散歩に行きたがらなくなりました。同時に食欲も落ちてきたのですが、これも「年のせいだろう」と考えて、ただ見守っていたそうです。

そして「その日」、夕方に突然倒れて呼吸困難に陥《おちい》り、残念ながら夜のうちに亡くなってしまいました。

死亡に至るまでの経緯をヒアリングする中で、飼い主さんはこの10年近くの愛犬との思い出を、実に楽しそうに語っておられました。

その語り口と表情から「ああこの人は、この子を家族として心底大切にしていたんだな」とわかります。

「動物病院には行かなかったんだよね」

唯一、この言葉だけが、獣医病理医としてのぼくの頭に引っかかりました。

まず、遺体の外表面の観察から始めます。

年齢のわりに体格はよくて毛艶《けづや》もいい。一見して、大切に飼われていたことが推測できます。しかし、体に触れると骨のゴツゴツした感触が伝わってきて、明らかに痩せていました。

動物は被毛があるせいで体の状態を外見だけで判断することが難しく、体格がよさそうに見

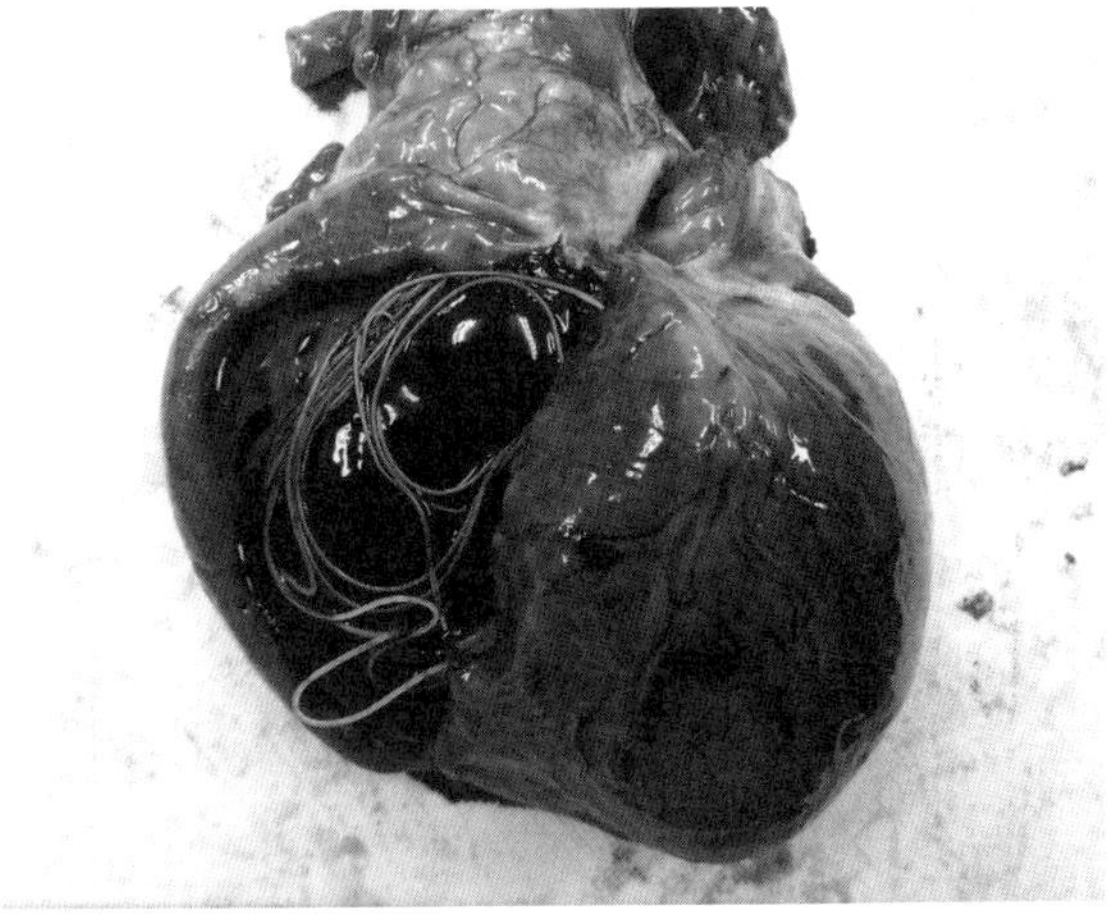

イヌの心臓のフィラリア　心臓（右心室）を開いたところ。そうめんのようなものがフィラリア。このエピソードに登場するイヌの心臓の実際の写真。

えても実は痩せていることがあるのです。

続いて、腹部と胸部にメスを入れ、いつも通りの手順に従って臓器をもれなく観察していきます。

全身をくまなく観察した結果、異常な所見はまず肺に認められました。腫瘍が多発していて、この子の肺の半分を侵していたのです。

そして、肺、さらに心臓にも、おびただしい数の「そうめん」のような生き物がひしめいていました。

「予防をしていなかったのか……」

この「そうめん」をフィラリア（犬糸状虫《いぬしじょうちゅう》）といいます。

蚊によって媒介される寄生虫で、20〜30センチメートルほどの細長い成虫がイヌの心臓や肺動脈などに多数寄生し、宿主に呼吸困難や腹水《ふくすい》、貧血などを引き起こします（これをフィラリア症といいます）。

フィラリアはイヌにとっての天敵ともいえ、獣医学においても非常に重要な寄生虫です。幸いフィラリア症にはよく効く予防薬があり、蚊の発生時期にイヌに定期的に飲ませることでほぼ確実に防ぐことができます。ただし、タヌキの話でも触れたように、重度の感染で体内に入った寄生虫が成虫まで発育してしまうと駆虫が困難となるので、予防こそが肝心なのです。

肺の腫瘍については、多発性にしこりが見られることから肺原発《げんぱつ》の腫瘍ではなく、どこか別の臓器に原発の腫瘍があって、肺に転移したことが考えられます。腫瘍の原発部位を探すために入念に遺体を観察していくと、右の後ろ足の皮膚にしこりを見つけることができました。詳細は顕微鏡で観察して判断する必要がありますが、足にできた腫瘍が肺に転移したということは十分考えられます。

さて、病理解剖によって情報を得た後、獣医病理医はその動物が死に至るまでに何が起こったか、という「物語〈ストーリー〉」を推測します。

この子は、心臓や肺動脈にたくさんのフィラリアが寄生して心臓や肺に負担がかっていた。亡くなる1年前に咳をしていたのはそのためでしょう。

フィラリアの症状が出ていたのに治療は行われず、おまけに肺の半分以上が腫瘍に侵されるまで病気に気づかないでいた——。

死に臨んだこの1年ほどの間この子がどれだけ苦しんでいたか、実際のところはイヌならぬ人のぼくにはわかりません。

しかし、心臓や肺動脈には寄生虫が充満し、肺の半分ほどを腫瘍で占められた遺体を目にすると、「どうして動物病院に連れて行ってあ

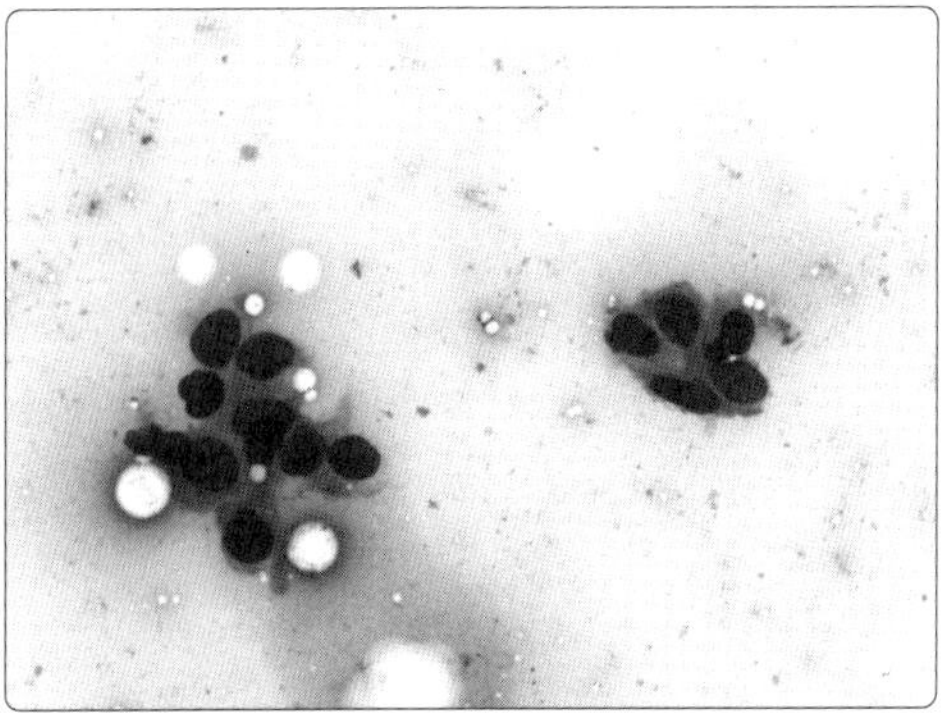

イヌの乳腺腫瘍　（細胞診の顕微鏡写真）
イヌやネコで非常に多い腫瘍。コミュニケーションの一環で全身をマッサージして、しこりを早期に発見することが大切。

げなかったのか……」と、やるせない気持ちになりました。

「もう年だし体に負担をかけたくなくて、動物病院には連れて行かなかったんだよね」

「後ろ足のしこりは何カ月か前に気づいたけど、イボだと思って気にしていなかったよ」

そう語る飼い主さんの理屈もわからなくはありません。

ただ、定期的に動物病院にかかって予防薬を飲んでいれば、この子はフィラリア症で呼吸困難に陥ることもなかったでしょうし、後ろ足のしこりも早期に診断がつけば、肺への転移を防ぐことができたかもしれません。

病気が早く発見できれば治療によって進行を抑えることができますし、たとえ高齢で積極的な治療は難しくても、症状を和らげて苦痛を極力減らしてあげることはできたでしょう。

バーニーズ・マウンテン・ドッグにおける10歳は寿命ともいえますが、20年以上生きた個体の記録も多数ありますから、この子はもっと長く健康に生きられたかもしれません。

症状が出ていたにもかかわらず動物病院には連れて行かなかったとなると、たとえどんなに普段から大切に思ってかわいがっていたとしても、その死の責任の一端《いったん》は飼い主さんにあったと言わざるを得ません。

「病理検査の結果、フィラリアと肺の腫瘍が見つかりました」とだけ報告して遺体とともにお帰りいただくのは、仕事としては非常に楽です。

しかしそれだと、飼い主さんも「やはり年だからね。しょうがない」と納得して終わってしまいます。

もし今後、新たに動物を飼うことになった場合、また同じように病気になっても病院に連れて行かず、原因もわからぬまま苦しむ姿を見ながら見送ることになってしまうかもしれません。それは飼われる動物にとっても、飼い主さんにとっても不幸なことです。

ですから、愛犬を失ったばかりの飼い主さんに酷《こく》だとは思いつつ、ぼくは「この子の体に何が起こっていたか」を飼い主さんにしっかりと伝え、病気には予防できるものがあること、早期発見が大切であること、そして亡くなった原因のいくらかは飼い方にあったであろうことを、詳しく説明しました。

そうすることで、この飼い主さんが再び動物を迎えたときに、同じ過ちはくり返されないかもしれません。

そうあってほしいと願います。

死んだ動物に起こっていたことを飼い主さんにきちんと知ってもらう。その積み重ねが、人間の無知によって苦しむ動物を減らすことにつながるのだと、ぼくは考えています。

「よかれと思って」生肉を

生後4カ月のビーグルの病理解剖を依頼されました。大きなたれ耳が特徴的な比較的小型の猟犬《りょうけん》で、スヌーピーのモデルとしても有名な犬種です。

遺体を持って来られた飼い主さんは、「まだ若いのに骨があちこち曲がってたんだよね。足もひきずっていてさ。先天《せんてん》異常《いじょう》だったと思うんだけど……」と言います。

たしかに、遺体は一見して四肢の骨や背骨、肋骨《ろっこつ》などが変形して大きく曲がっています。病理解剖を進めると、関節《かんせつ》もひどく腫れていることがわかりました。

実は、これは成長期の子犬にしばしば見られる、ある病気の典型的な所見です。

骨や軟骨《なんこつ》の成長に異常が起きて、骨が湾曲《わんきょく》したりすぐに骨折したり関節が腫れたりする病気で、「くる病」と呼ばれます。

この病気は、骨の成長に必要なカルシウムやリンのアンバランス、ビタミンDなどの不足が原因で起こります。

カルシウムやリン、ビタミンDが不足した骨は弱くて軟《やわ》らかくなり、曲がったり折れやすくなったりするのですね。骨が弱くなることに加えて、関節が腫れたり、筋肉や関節に負担がかかり、歩行障害が起きることもあります。

子犬の場合、極端に栄養素の偏《かたよ》った食事を与えていると、しばしばくる病が起こります。

そこで、飼い主さんに毎日どんなエサを与えていたのか尋《たず》ねてみると、案の定「猟犬で丈夫なイヌだし、いつも生肉をあげていた」という答えが返ってきました。

「イヌやネコは肉食動物だから、いろいろ混ぜたエサより肉を食べさせる方がいいだろう」

「加工されたペットフードより、自然のままの生肉を食べる方がイヌやネコも幸せだろう」

そう考えて、飼っているイヌやネコに生肉を与えている飼い主さんが時々います。わざわざ手間と費用をかけて生鮮《せいせん》の肉を与えるわけですから、その動物の幸せを思っての行動なのでしょう。

しかし、肉食動物といっても、実際のところは肉だけを食べて生きているわけではありません。彼らは野生下で草食動物などを獲物《えもの》として捕まえたら、肉と一緒に血液や内臓、消化管内の内容物（つまり、半ば消化された草など）も食べているのが一般的です。

したがって、飼いイヌや飼いネコに「生肉だけ」といった極端に偏った食事をさせていると、成長や健康維持のために必要な栄養素が不足して、くる病などの病気になります。また、生肉はぼくたち人間にとっても食中毒のリスクがあるのと同じように、イヌやネコにとっても衛生上の懸念《けねん》があります。

これが市販のペットフードであれば、各メーカーの長年にわたる研究努力によって必要な栄養素を過不足なく含んでいますから、栄養性の病気の発生リスクはかなり抑えられます。衛生面でも安心できます。

このときのビーグルにしても、飼い主さんが成長期の子犬用のドッグフードを与えて、日光浴や外での運動を十分にさせていれば（骨の成長に必要となるビタミンDは、紫外線《しがいせん》に当たると皮膚で合成されます）、くる病にならなかった可能性は高いでしょう。

「この子は最期に苦しみましたか？」

亡くなったペットの飼い主さんからしばしば受ける質問です。

病理解剖の結果、大きな病変が見つからなかったときや、突然死や老衰《ろうすい》の場合は、「おそらく苦しむことなく亡くなったでしょう」とお伝えしています。しかし、病気になったりけがを負ったり、適切なエサや水や住環境を与えられなかったりした動物たちがどのように感じているのか、人であるぼくに実際のところはわかりません。

科学者の間でも、人以外の動物が人と同じような「苦しみ」を感じるかどうかについては、さまざまな意見があります。

しかし、動物の種によってある程度の差はあるものの、生き物としての体のつくりや刺激に対する反応などがぼくたちと根本の部分で共通している以上、ぼくたちが「苦しい」「痛い」「つらい」と感じるようなことは、やはり動物にとってもそうなのだろうとぼくは考えています。長年、動物を身近で見てきた経験からもそう感じます。

かわいそうに、この子はおそらく最期まで全身の骨や関節の痛みで相当に苦しんだことでしょう。解剖台の上の遺体の曲がった骨や腫れた関節を見るにつけて、やり切れない思いがこみ上げました。

「生肉ばかりを食べていたことが、この子がくる病になった原因だと考えられます。また、発症しても早めに動物病院に行って治療を行っていれば、亡くなることはなかったかもしれません」

そう伝えると、飼い主さんは、

「まだ小さいのに骨が曲がって死んだから、てっきり生まれつき病気のイヌを売りつけられたのだとばかり……」

と反省しきりでした。

動物虐待《ぎゃくたい》といえば、殴《なぐ》る・蹴《け》るといった積極的な暴力が一般的にイメージされるでしょう。

しかし、適切なエサや水を与えなかったり、病気を放置したり、劣悪《れつあく》な飼育環境に置くこともまた虐待にあたります。いわゆるネグレクトという虐待の一つのかたちです。

これらは、たとえ虐待の意思がなかったとしても、飼い主さんの無知や不注意、怠慢《たいまん》などによって引き起こされ得るものです。この子の場合も、飼い主さんの無知による虐待といえなくもないでしょう。


病理解剖をしていると、このような「意図せぬ虐待」にしばしば遭遇《そうぐう》し、そのたびに胸が痛みます。

別のケースでは、飲食店を経営されていた飼い主さんが「店で余ったラーメンや残飯をイヌに毎日与えていた」ということもありました。このイヌも偏った栄養からくる病を発症して亡くなっていました。

動物を飼うということは、極論《きょくろん》すれば人間の一方的な都合です。であれば、不幸にして動物が亡くなったとき、せめて人はその死の原因をしっかりと究明するべきです。

そして、死の検証から何らかの「教訓」を引き出すのは獣医病理医の仕事であり、その教訓をしっかりと学ぶのは動物を飼う者の義務《ぎむ》です。

愛情だけでは動物は飼えません。

獣医療の従事者《じゅうじしゃ》だけでなく、飼い主も常に学び続けなければなりません。

飼育の手引きなどの普及で飼い主の知識も増えてきたとはいえ、現状では、まだまだ人の無知や身勝手によってたくさんの命が失われています。

ネコは外が幸せ?

近年、日本国内では野良犬をほとんど見かけなくなりました(地域によっては現在も問題になっているところもありますが)。三十数年前、ぼくが幼かった頃には、よく野良犬に追いかけ回されたものです。けがをして泣きながら家に帰ったこともありました。野良犬が減ってきたのは、行政による長年にわたる狂犬病予防の取り組みをはじめ、屋内飼育が増えて放し飼いが減ってきたことや、避妊《ひにん》・去勢《きょせい》手術が普及したことなどによります。

一方で、同様に一定数が保健所によって保護され続けているのに、野良猫は以前から変わらずどこにでもいます。野山や草むら、住宅街。あらゆる空間が彼らのテリトリーです。

なぜ野良猫は野良犬ほど減っていないのか?

ネコはイヌよりもずっと繁殖力が高く(成熟したメスのネコは年に複数回、1回に4~8頭の子猫を産むことができます)、地域に避妊・去勢手術を行っていないネコがいると一気に数が殖《ふ》えること。野良犬ほど危険視されてこなかったこと。またイヌの場合は飼育にあたって「狂犬病予防法」に基づく登録の義務がありますが、ネコにはないため、面倒を見きれないほど繁殖してしまったネコが飼い主によってこっそり捨てられたり脱走したりしていることなども、その要因として考えられます。

さらには、屋外にいるネコの中に人が世話をしている個体が混ざっていることも、野良猫の数の維持に一役買っているといえるでしょう。

サザエさん家のタマのような「外飼い」のネコだけでなく、飼い主がいるのかいないのか、よくわからないようなネコがたくさんいるのです。

たいていは肉付きがよく毛艶もいいネコたちで、中には首輪をつけているネコもいて、そういう所有者のいる可能性がある個体は行政機関の保護の対象から外されるのですね。

そんな外飼いのネコの飼い主さんの中には、「ネコは自由に外を出歩けた方が幸せなのだ」と考えておられる方が一定数います。

たしかに、ネコという動物には「自由」や「気まま」といったイメージがありますから、そんな飼い主さんの気持ちもわからなくもありません。

しかし、獣医病理医の立場としては、「それはネコと人の両方を不幸にする飼い方ですよ」と忠告《ちゅうこく》せざるを得ません。外飼いが原因で死亡したネコたちをぼくはこれまでにたくさん見てきたからです。良かれと思って生肉を与えることが必ずしもイヌやネコにとっていいことではないのと同じように、ネコを自然の中で自由に生活させることもまた、よくない結果をもたらす場合が多いのです。

屋外はネコにとって死に直結する危険にあふれています。

第一に、ロードキル。みなさんも一度は、往来の多い道路で車にひかれたかわいそうなネコの遺体を見たことがあるのではないでしょうか。

ある調査では、日本国内でロードキルによって死亡するネコの数は保健所で殺処分されるネコの数をはるかに上回り、約10倍にものぼると推計されています。

もちろん、法定速度を守り安全運転をするドライバーが増えれば、不幸なロードキルは減らせるでしょう。しかし、ネコという動物は予想しない動きをしたり、突然動きを止めたりする習性がありますから、ドライバーの努力にも限界はあります。


第二に、誤飲《ごいん》と中毒。屋外には、特に人が監視《かんし》できないような状況では、ネコにとって危険なものがたくさんあります。ぼくのところに遺体が持ち込まれるネコにも多い死因です。

例えば、屋内外を自由に出入りできる状況で飼われていた5歳のネコが「帰宅後に急にガタガタと震《ふる》え出し、泡を吹いて悶《もだ》え苦しんで突然死んだ」というケース。病理解剖の結果、このネコの死因は、外で飲み込んだビニール袋が喉に詰まったことによる窒息《ちっそく》であることがわかりました。

なめられたことがある方はご存じと思いますが、ネコの舌は表面がざらざらしています。細かい無数のトゲが生えているため、口にしたものが引っかかりやすく、持ち前の好奇心でくわえたものをそのまま飲み込んでしまいやすいのです。

また、ネコは舌で毛繕《けづくろ》いをする習性があります。この毛繕いの際に、屋外で毒物にさらされた体毛をなめてしまい、中毒を起こすことがあります。ネコはある種の薬物や毒物を解毒《げどく》する機能があまり強くないということもあり、中毒から死に至ることも珍しくありません。

特に農村部で外飼いされているネコでは、外で除草剤《じょそうざい》や農薬などを誤って口にしたり、体に付着したそれをなめて中毒死するということが時々起こります。そして、中には意図的に毒入りのエサを与えられて命を落とすネコもいるのです。

誤飲や中毒といった事故は思いもよらぬタイミングで起きます。家の中で起きた場合は何を口にしたかの推測ができ、すぐに対処のしようもあるでしょう。

しかし、外に出ているネコの場合は中毒を起こしても、何に触れたか／口にしたか確認が難しく、毒物によって症状が出るまでのタイムラグもまちまちなので原因物質を突き止めることは非常に困難です。原因物質が特定できなければ、有効な治療や対策も難しくなります。

また、農薬のような明確な毒物に限らず、ぼくたちの身の回りに普通にあるタマネギ、アボカド、ユリ、チョコレート、コーヒー、タバコ、アルコールなどもネコにとっては毒とな

ります。完全な屋内飼いであっても、飼い主さんは油断《ゆだん》をせず、ネコが誤飲や中毒を起こしかねないものは遠ざけておく必要があります。

第三の危険は、感染症です。外に出て病原体を保有している野良猫と交尾《こうび》やけんかをすれば、猫免疫不全ウイルス感染症（いわゆるネコエイズ）や猫白血病ウイルス感染症などのウイルス病のほか、細菌感染症を含めさまざまな病気に感染するおそれがあります。

ネコがネズミやカラス、昆虫《こんちゅう》、カエルなどの野生動物を捕食《ほしょく》したり、蚊やダニなどの病原体を媒介する動物と接触したりすれば、それらが持っている病原体にも感染する可能性があります。

そして、いくつかの病原体は、ネコだけでなく人にも感染するかもしれないのです。つまり、外に出たネコが人の住む家に病気を持ち帰ってくるわけです。それはネコが捕獲した獲物を介したり、ネコの体に付着したノミやダニを介したり、そしてネコの体内に侵入した病原体を介したりなど、さまざまなパターンが考えられます。

例えば、人がそのウイルスに感染して発症すると致命率がほぼ１００パーセントとなる狂犬病は、イヌだけでなくネコにも感染する病気で、北米ではイヌよりもネコから感染した事例が多く報告されています。

１９５７年以降に狂犬病は発生していない日本で、この最後に発生した狂犬病もネコが患畜《かんちく》でした。海外ではモロッコでネコに咬まれたイギリス人が、帰国後に狂犬病を発症して死亡するということも起きています。

ここまでに何度か登場しているトキソプラズマも、ネコから人に感染し得る寄生虫病です。トキソプラズマに初めて感染したネコは、一定期間、糞便《ふんべん》と一緒にオーシストという状態のトキソプラズマを排《はい》せつします。このオーシストが口に入れば、ぼくたち人も感染する可能性があるのです。

さらに、近年、日本国内で大きな問題となっているのが、マダニが媒介する重症熱性血小板減少症候群（ＳＦＴＳ）という病気です。この病気は、ウイルスを持ったマダニに咬まれたり感染した動物の体液に接触したりすることでほかの動物にも感染が広がります。

マダニは野山や草むら、ヤブ、野生動物の体表などにいますから、ネコを外に出せば、ウイルスを抱えたマダニに咬まれて感染したり、そのマダニを家に持ち帰ってきたりするかもしれません。

SFTSは致命率が高く、発症するとネコでは約70パーセント、イヌで約30パーセント、チーターでは100パーセントが死亡するという報告もあります。

さらに発症した動物の体液を介して飼い主や獣医療関係者に感染したケースも報告されており、マダニに咬まれて発症したケースと合わせて日本では2014年から2016年までに178名の感染者が出て、そのうち35名もの方が亡くなっています。

医療技術の発達した現代において、人で約20パーセントの致命率は相当なものです。


それまで元気にしていた外飼いのネコが急死しても、多くの場合、外見上の判断のみで「老衰です」あるいは「心不全です」「ネコエイズです」「交通事故です」などと簡単に片付けられてしまいます。

誤飲はレントゲンで診断できることもありますが、中毒や感染症、そして虐待などとなると遺体を病理診断によって精査して初めて判明することも多くあります。

家族同然に暮らしていた愛猫を失った飼い主さんたちは、取り乱しながら「とにかくこの子が急に死んでしまった理由を知りたい」と依頼してこられます。

取り返しのつかないことが起きてしまった後、獣医病理医のぼくには、可能な限り死因を特定すること、そして、その子に何が起きたかを飼い主さんに説明し、死から学ぶ機会を提供することしかできません。

付け加えると、外飼いの弊害《へいがい》はネコのみにとどまりません。

ネコは食物連鎖《しょくもつれんさ》の上位動物ですから、外を出歩けば小動物や野鳥などに傷を負わせたり捕食したりすることがあり、ヤンバルクイナやアマミノクロウサギなどの希少動物では、野良猫による捕食が種の存続を脅《おびや》かす事態にまでなっています。

ほかにも深夜の鳴き声による騒音問題、まき散らされる糞尿や残飯による人の住空間の汚染などの観点からも、やはりネコの外飼いはおすすめできません。

これらの問題の一番の予防法は、ネコにおいては室内飼いを原則とし、それを徹底《てってい》することです。

「家に閉じ込めておくなんてかわいそう」

そうおっしゃる飼い主さんもいますが、ネコという動物が生きるのに広大な空間は必要ありません。人家という閉ざされた空間であっても快適な縄張《なわば》りがあれば、彼らは十分に満足してくれます。強いて挙げるなら、キャットタワーのような上下運動ができる器具があるといいでしょうね。

一般財団法人ペットフード協会が毎年実施している全国犬猫飼育実態調査の令和4年度の報告では、「家の外に出ない」ネコの平均寿命が16・02歳であったのに対し、「家の外に出る」ネコの平均寿命は14・24歳だったというデータも示されています。

いかがでしょうか。

ここまでの話を聞いても、あなたはまだ「ネコは外に自由に出られた方がいい」と思いますか？

危うい友情
――ネコとゴールデンハムスター

イヌとサル、ネコとインコ、ウサギとカメなど異なる種の動物が一緒に飼育されている映像を、テレビやネット動画で見かけることがあります。姿かたちの異なる生き物同士がじゃれ合う様子は微笑ましいものですが……実はこれ、のんきに癒やされてもいられない状況です。

その手の映像を見るたび、獣医病理医のぼくはいつもハラハラしています。生態《せいたい》も大きさも異なる動物が同じ空間にいるとき、思わぬ事故に発展することがよくあるからです。

1歳半のオスのゴールデンハムスターが突然死し、飼い主さんから病理解剖を依頼されました。

ゴールデンハムスターの寿命は2年から長くても3年。寿命の長短で命の価値は測れませんが、それでも比較的短命なゴールデンハムスターの死亡は「おそらく寿命だろう」と片付けられることが多く、病理解剖を依頼してくる飼い主さんはそう多くはありません。

「昨日まで元気だったのに、朝になったら死んでいたんです。なぜ死んでしまったのか、どうしても知りたいんです」

そう必死に訴える飼い主さんは、この子をよほど大事にしていたのでしょう。「飼い主さんの死の疑問に、何としても答えを出してあげたい」と、ぼくも強く思いました。

手のひらサイズのハムスターは臓器のサイズも極小です。解剖にも繊細な手業《てわざ》が求められますので、頭の中で段取りを念入りにシミュレーションして、慎重に体にメスを入れていきます。

すると、内臓にアプローチする前、腹部の皮膚を切ったところで背中側に膿が見つかりました。「皮下膿瘍」という皮膚の下に膿が局所的にたまった状態です。切る前は被毛で隠れていたのでわかりませんでしたが、その部分の皮膚をよくよく見ると赤みが強くなっていて、皮膚の下には波打つような波動感がありました。

健康だったなら皮膚の下に膿はたまりません。亡くなったハムスターの体には、やはり明らかに何らかの異常が起きていたということになります。

死因を明らかにするためには、可能な限り全身の臓器をくまなく調べなくてはなりませんので、体内の臓器をすべてバットに取り出して観察します。

ある臓器に異常が見られた場合、そこだけに目がいきがちです。しかし、体内の臓器や組織はお互いに課せられた役割を分担しつつ、密接に連携《れんけい》・微調整《びちょうせい》をしています。一つの臓器の異常が、ほかのあちこちの臓器にも連鎖的に影響を及ぼしている可能性があるのです。

そのため、ある臓器に直接的な問題があって障害が起きたのか、ほかに原因があって二次的にその臓器に病変ができたのかということを、病理診断医は考えなくてはなりません。

結果、このハムスターは皮下膿瘍以外に、脾臓と肝臓が大きく腫れているのがわかりました。
肺も変色して硬くなっています。この場合、感染症が全身に波及している可能性が考えられます。感染症であれば、病原体がどのような経路をたどって体内に侵入してきたのかを考えなければなりません。口から入って消化管から侵入したのか。呼吸とともに肺から侵入したのか。それとも体表の傷から侵入してきたのか。

飼い主さんに
「亡くなる前日まで元気だったということでしたが、最近、この子に変わったことはありませんでしたか？　例えば、変なものを食べたとか、けがをしたり、何か動物に引っかかれたり咬まれたりとか」
と訊くと、飼い主さんはこのゴールデンハムスターを「家でネコと一緒に飼っていた」と前置きし、「いつも仲がいいのですが、１週間ほど前にネコがこの子を爪で引っかけたところを見ました。ただ、けがをした様子もなかったのでそのままにしていました」と言います。

顕微鏡で観察するためのプレパラートをつくって、膿の上にある皮膚を注意深く精査しました。すると、皮膚には修復されつつある小さな傷が確認されました。そして膿の部分には病原体と戦った白血球の死骸や壊死した細胞の残骸に混じって、おびただしい数の丸い細菌がぶどうの房《ふさ》のようなかたまりをつくって増えており、肝臓や肺などの臓器にも同じ特徴の細菌が増殖していました。

おそらく、死亡する何日か前に皮膚に小さな傷ができて、ここから病原体が入り込んで膿んだ可能性があります。そして、そこから全身に菌が波及したと考えられました。原因は黄《おう》色《しょく》ブドウ球菌《きゅうきん》です。

したがって、このハムスターは、一緒に飼われていたネコの爪でついた傷から引き起こされた細菌感染症で死んだのだろうと推定されました。

どんな動物も爪や歯には多かれ少なかれ常在菌や雑菌などの微生物が存在していますので、動物に咬まれたり引っかかれたりするとそれらの病原体が体内に入り込んで感染症を引き起こすということがしばしば起こります。

特にネコは鋭く尖った爪と歯をもっていますから、彼らに咬まれたり引っかかれたりすると、病原体は皮膚のバリアーを容易に突破して組織の深いところに送り込まれてしまいます。そして、鋭く尖った爪と歯であるがゆえに、皮膚の傷はすぐに修復され、一見して傷は治ったかに見えても、気づかないうちに深部で病原体がじわじわと増えていくことがあるのです。

体の小さなハムスターではそれが致命傷となり得ます。ハムスターよりもずっと大きな人でも、ネコの引っかき傷や咬み傷が原因でリンパ節が腫れたり、稀にですが髄膜炎《ずいまくえん》や敗血症など重症化したりすることもあります。中には死に至った例すら報告されているのです。

たとえ、仲がいいように見えても、異なる種の動物が同じ空間にいると、予期せぬ事故は起こり得ます。

みなさんも一度は目にしたであろうアニメ『トムとジェリー』では、ネコのトムとネズミのジェリーが、普段は追いかけっこをしながらも仲よくやっています。実際のネコとハムスターも、そのネコが温厚《おんこう》な性格でハムスターとの相性もよいようであれば、一緒に飼ってもいいと考える人はいるかもしれません。

テレビ番組やネット動画でも、ネコと、ハムスターやハリネズミや小鳥といった小型の動物が仲よく生活している様子が頻繁に流れてきますから、「うちの子たちも」と思ってしまうのも理解できなくはないです。

しかし、そもそもの話として、肉食動物であるネコと小さなげっ歯類や鳥類は、自然界において「食う・食われる」という関係にあります。

人がどれほど熱心にしつけようと、普段はどれだけ温厚でおとなしくしていようとも、捕食者であるネコは本能的に小動物を狩ってしまうことがありますし、ネコには「同居人」に危害を加えるつもりがなくても、ちょっとしたことで相手を傷つけてしまうこともあります。

今回ネコがハムスターを爪で引っかけたというのは、まさにそのケースです。

飼い主さんにハムスターの死因を報告する際に、異なる種の動物を飼う危険性についてご説明しました。

「仲がよさそうに見えたのに。こんな悲しいことが起きるとは思いもよりませんでした」とひどくショックを受けておられました。

これはネコとハムスターに限った話ではありません。基本的に異なる種の動物が同じ空間で暮らすことは多くの場合、望ましいことではありません。動物は種によって形態《けいたい》と生態が異なり、本来、異なる生息環境を必要とし、その生活様式も同じではないからです。

異なる種の動物が同じ空間で暮らすことの問題点は、もう一つあります。それは、感染症です。ある動物にとっては常在菌で病気を起こさない微生物だとしても、それが異なる動物に出会ったとき、その動物にとっては病原体となることがあるのです。

例えば、ヘビと草食性のカメを一緒に飼育している方は、爬虫類《はちゅうるい》飼育者では珍しくないでしょう。しかし、カメの消化管に常在しているアメーバという病原体が飼育器具やケージ、水などを介してヘビに感染した場合、激しい大腸炎《だいちょうえん》を引き起こして肝臓には膿瘍がつくられ、最終的には全身が侵されて死に至ることもあります。

また、ウサギとモルモットを一緒に飼っている人もいると思います。動物園でもふれ合いエリアで同居させているのを見かけることが多いでしょう。しかしウサギとモルモットの組み合わせも要注意です。ボルデテラという細菌はウサギにはあまり悪さをすることがなく感染しても無症状なことが多いですが、ウサギからモルモットに感染すると、重篤な肺炎を引き起こして死亡することがあるのです。

ぼくたち人間にしても、ほかの動物と一緒の空間にいることにはそれなりのリスクがあります。イヌやネコ、一部の家畜などは1万年以上にわたり関係をつくってきた歴史がありますが、これは例外的といえます。

特に体が人間よりも大きく力が強い動物が相手だと、人間であっても思わぬ事故に遭《あ》うケースは珍しくありません。

「娯楽」にされる命

ぼくが子どもの頃、『ムツゴロウとゆかいな仲間たち』というテレビ番組が放送されていました。作家のムツゴロウこと畑正憲《はたまさのり》さんが、動物たちとふれ合うバラエティーショーです。2023年4月、ムツゴロウさんが心筋梗塞《しんきんこうそく》により87歳で亡くなられたことが報じられました。追悼《ついとう》の映像の中で、動物と戯《たわむ》れる在りし日の姿を目にし、懐かしさを覚えた方も多いのではないでしょうか。

番組は「どんな野生動物とも仲良くなれるムツゴロウさん」を全面に出したもので、子どもだったぼくも彼が動物たちとふれ合う映像をワクワクしながら観ていましたが、動物の専門家になった今、改めて当時の映像を見返すと「あの距離感は危ういよなあ」と思います。

現にムツゴロウさんは、自ら首に巻きつけたアナコンダに締《し》め殺されかけたり、ライオンとじゃれて大事な指を食いちぎられたり……、自身も相手にしている動物たちもずいぶんと危険にさらしていました。

当時は今ほどには「動物の幸せ」というものが考えられていない時代でしたし、ムツゴロウさん自身はけがを負わされても決して動物のことを悪く言いませんでした。全国のお茶の間に動物の素晴らしさを紹介したことを考えれば、功罪のうち「功」の方が大きいとは思いますが、それでもやはり非常に危険なことではありました。


別の動物バラエティー番組では、番組の看板《かんばん》タレントだったチンパンジーが施設のスタッフに突然襲いかかって咬みつき、全治2週間のけがを負わせるという事故が起きています。

また、動物園やサファリパークで飼育係や来園者が展示動物に接触したり襲われたりして、重傷を負ったり死亡したりするという事故は枚挙《まいきょ》にいとまがありません。

ピットブルや土佐犬などの気性の激しいイヌが、飼い主の家族（たいていは女性や子ども）や散歩中に遭遇した通行人を襲って大けがをさせたり咬み殺したりするという事件も定期的に起きています。

テレビ番組やネット動画などで、同じ空間に異なる種の動物がいることが紹介されるとき、基本的にポジティブなシーンしか公開されません。片方の動物がもう一方をけがさせたり殺してしまったりという映像は、あっても公開されることはないでしょう。

微笑ましいシーンの裏でそれ以上の不幸な事故が起きているのではないか——異なる種の動物たちがじゃれ合うさまざまな映像を見かけるたびに、獣医病理医のぼくは不安になります。

一方で、これらの映像の中では、人によって一方的に動物たちが虐《しいた》げられているシーンも散見されます。

罰《ばつ》ゲームと称し、あるいは単に人が嫌がっている様子を周りの人が楽しむために、ヘビやトカゲ、カエル、ゴキブリなどの生き物が使われることには違和感や憤《いきどお》りの感情を禁じ得ま

せん。
　生き物にとっては負担でしかなく、突発的な外傷やストレスが心配です。以前、尻尾が途中で切れたイグアナを病理解剖したことがありますが、これも扱いに不慣れな人が尻尾を無理やりつかんだために自切《じせつ》したものでした。

　生き物の中には、見た目や手触り、衛生面、牙《きば》や毒の有無などにより、人に気持ち悪がられたり怖がられたりするものもいます。その嫌悪感や恐怖心は、人と生き物が適切な距離を取るためにも必要なものであり、そういった感情を抱くこと自体を否定するつもりはありません。

しかし、どんな生き物も尊い存在です。

特定の生き物を気持ち悪がったり怖がったりする様子や、それを「娯楽《ごらく》」として消費する大人たちの姿が、感受性の強い子どもたちにどんな影響を及ぼすか……。そこまでのものでなくても、テレビやネット動画、SNS等で動物を利用したコンテンツは多く、動物福祉の観点から改める時が来ているように感じます。

研究者が教育や研究のために実験動物を利用する際は動物実験委員会への申請《しんせい》が義務づけられており、科学的な視点はもとより、動物愛護《あいご》の観点に立った動物福祉や倫理的な配慮も求められます。テレビなどで動物を利用するときも、これに相当するような配慮が必要ではないかと思っています。つい最近も、伝統行事における馬への行為が虐待ではないかとニュースで話題となりました。

生きた動物を用いる必要が本当にあるのか。生きた動物を利用しなければならない場合も、人と動物双方の安全が十分に確保されるのか、動物に無用な苦痛を与えるものではないか。動物を利用する方は、そういったことをよく考えてみてほしいと思います。

第3章

珍獣〈エキゾチックアニマル〉たち

腸閉塞のヒョウモントカゲモドキ

イヌやネコなど、人に飼われてきた歴史が長い、いわゆる「伴侶動物」と呼ばれる動物がいる一方、近年ペットとして流行しているのが「エキゾチックアニマル」と呼ばれる動物たちです。

エキゾチックアニマルには学問上の明確な定義はありません。エキゾチック（exotic）という英語には「外国産の」とか「珍しい」といった意味がありますので、大まかには「（多くは外国から持ち込まれた）珍しい動物」がエキゾチックアニマルと呼ばれているようです。

フェレット、ゴールデンハムスター、ハリネズミ、セキセイインコ、オカメインコ、リクガメ、コーンスネークなど比較的ペットとして定着してきているものから、スローロリスやカワウソなど一般には普及していない動物まで、エキゾチックアニマルには多くの種が含まれています。

前者についてはそれなりに知見が蓄積されてきており、飼育方法や病気の予防・治療方法がある程度確立されつつあります。一方で、飼育方法や病気の情報がほとんど明らかになっていない動物もたくさんいて、飼い主さんが試行錯誤しながら飼育をしているというケースもあります。

SNSやネット動画が多くの人に情報を伝えるようになったからか、ぼくのところに遺体が持ち込まれるエキゾチックアニマルも増加傾向にあります。中でも、最近特に増えてきているのが、トカゲやヘビ、カメといった爬虫類です。

ひと昔前までは爬虫類というと飼育の難易度もあって、一部のマニアックな男性愛好家の趣味というイメージが強かったように思います。しかし、近年、種類によっては飼育下での繁殖技術が確立され、専用の飼育器具も販売されるようになったことから、爬虫類は気軽に飼えるペットとしてメジャーになりつつあります。

イヌのように吠《ほ》えず、散歩は不要で、ネコのように壁で爪とぎをするわけでもなく、被毛がないためにアレルギーが起きにくいことも好んで飼われるようになった要因でしょう。

以前は国内で年に数回の開催がせいぜいであった爬虫類関連のイベントが、近年では規模《きぼ》の大小はあれども毎月のようにどこかで開催されており、マニアのみならず家族連れやカップルなども参加していて、年々賑《にぎ》わいを増しています（これには、2013年に動物の愛護及び管理に関する法律、いわゆる「動物愛護管理法」が改正され、爬虫類と哺乳類、鳥類の販売は対面できちんと説明することが義務づけられたことの影響もあるでしょう）。

そんな中、人気の女優さんやモデルさんの爬虫類の飼育エピソードがメディアで広く紹介されたこともあって、最近では女性の爬虫類愛好家、通称「爬虫類女子」も増えているといいます。

「うちのヒョウモントカゲモドキの死因を調べてもらえますか」

若い女性の飼い主さんから動物病院経由で病理解剖の依頼がありました。朝、出かけるときには元気にしていたのに、帰宅したら亡くなっていたといいます。

ヒョウモントカゲモドキは、豹（ヒョウ）のような美しい模様と豊富な体色のバリエーションが特徴の小型のトカゲです。中央アジア〜中東にかけて生息しており、「レオパードゲッコー」「レオパ」とも呼ばれます。性格が温厚で比較的丈夫なことから、「初心者にも飼いやすい」と、近年、爆発的《ばくはつてき》な人気を見せています。

爬虫類の愛好家には、病理解剖のために遺体を献体してくださる方がけっこういらっしゃいます。これは裏を返せば、それだけ爬虫類の飼育や病気の理解が進んでおらず、「なぜかわいがっていたペットが死んだのかわからない」ということでもあります。

このヒョウモントカゲモドキの飼い主さんも非常に熱心な方でした。詳細な日誌と、飼育環境や亡くなる前の生体の写真を何枚もメールで提出され、電話口でも「私の飼い方にダメなところがあったなら、今後のためにも改善したいんです」とはっきりとした口調で述べられました。

そんな飼い主さんの気持ちには、獣医病理医として全力で応えなければなりません。

バットに乗せた20センチメートルほどのヒョウモントカゲモドキの腹からメスを入れてい

きます。腹部を開いたところで、腸が真っ黒になって壊死していることにすぐ気がつきました。腸管《ちょうかん》の中身を調べてみると、砂のようなものがぎっしりと詰まっています。明らかに腸《ちょう》閉塞《へいそく》が起きています。

爬虫類や両生類《りょうせいるい》の飼育では、誤って異物《いぶつ》を飲み込んでしまい死亡する事故がしばしば起きます。このヒョウモントカゲモドキもどうやら床材《とこざい》として使用されていたソイル（赤玉土）を大量に飲み込んでしまったようでした。結局、誤飲したソイルが排せつされずに、腸の中で詰まって腸閉塞を起こしたことが死因と判明しました。

飼い主さんが使っていた床材は、ペットショップで爬虫類用に売られていたものだといいます。

普通なら問題は起こらないはずですが、この子は飼育環境に何らかのストレスを感じていたのかもしれません。ストレスを感じた爬虫類が異物を飲み込むことは十分に考えられます。ある種の栄養素が足りずに床材を食べるとか、何かの拍子で誤って飲み込んでしまった可能性もあるでしょう。または、この子にはエサと一緒に床材を食べる悪癖《あくへき》があったのかもしれません。

飼い主さんには、病理診断の結果を伝える際に「個体差があることですが、今回のような事故をできるだけ予防するなら、床材にソイルは使わず、飼育環境は極力シンプルにした方がよいかもしれませんね」とご説明をしました。

一方で、野生では砂漠のような環境で生息しているヒョウモントカゲモドキにとって、床材としてソイルを使用することは、本来の生息環境を模《も》していることであり、環境エンリッチメントの観点からは必ずしもソイルを否定することはできません。どんな動物もそうですが、一律に「これが正解」と示すことは難しく、個体のクセや好みをよく観察し、その子に合った飼育環境を整えることが大切です。

「病理解剖をしてもらってよかったです。学んだことを、今飼っているレオパに生かしたいと思います」

飼い主さんは電話口でそうおっしゃいました。

ブームが起きている動物種では、ファッション感覚で購入されたものがきちんと世話をされずに死亡するというケースが多発します。ＳＮＳやネット動画ではエキゾチックアニマルのかわいい側面ばかりがどうしても強調されるので、実際に飼ってみたら思っていたのとちがったと感じる人も少なくありません。そのような爬虫類ペットの遺体を多く見てきたので、ぼくは個人的に近年の爬虫類ブームやメディアがつくった「爬虫類女子」という言葉にはあまりよい印象を持っていませんでした。

それだけに、この飼い主さんのペットの命としっかり向き合う姿勢は印象的でした。きっと二度と同じようなペットの亡くし方はしないでしょう。

このケース以外にも、いわゆる爬虫類女子と呼ばれる飼い主さんの中には、飼育記録をきちんと付けて、死因も知りたがり、それを残された爬虫類の飼育につなげている方が何人もいました。

経験上、ペットとして飼われていた爬虫類の死の多くは、問題のある飼育環境や飼育管理の方法に起因しています。

恒温《こうおん》動物である哺乳類や鳥類とは異なり、体温が周りの環境温度に依存《いぞん》する爬虫類では、適切な飼育環境が用意されないと、今回のように思わぬ事故が発生したり、病気になったり、エサを食べなくなったりします。

また、爬虫類はほかの動物ほど活動的でなくコミュニケーションもとりにくいため、体調に異変が起きていても飼い主さんが気づきにくいという特徴もあります。また、変温《へんおん》動物で代謝《たいしゃ》が穏やかであるため、病気の進行も遅い傾向があります。

異変を見つけにくいのでまちがった飼育をしていても気づかれず、しばしば手遅れになるのです。

ですから、爬虫類を飼い始めたら飼育記録を付けて、些細《ささい》な変化も見逃さないようにしましょう。健康なときから定期的に動物病院に通って、健康診断や飼育相談をしておくのもよいかもしれません。爬虫類の獣医学はまだまだ発展途上であり、病気のことはほとんどわかりませんから、病気を治すよりも病気にならない飼い方をすることが大切なのです。

ぼくもこれまで、ヘビやリクガメ、トカゲなどを飼育してきました。そして、獣医学を学ぶ前には、無知ゆえに死なせてしまった動物もいます。

爬虫類の病理解剖に臨むとき、これまで飼育してきた動物のことが頭をよぎり、「あのとき自分にもっと動物や飼育の知識があれば」といった後悔の念にかられることがあります。
その後悔も、ぼくが今、爬虫類を含むさまざまなエキゾチックアニマルの死因を調べ続けている理由の一つかもしれません。

子どもを咬んだミーアキャット

ほっそりとした胴体に短い手足、眼の周りの黒い縁取《ふちど》り、2本の後ろ足と尻尾でスックと立ち上がり周囲をキョロキョロと見回すその姿――ミーアキャットは大変愛嬌《あいきょう》のある動物です。

名前に「キャット」とついていますが、ネコ科動物ではなくマングースの仲間。「ニャーン」ではなく、しいて喩《たと》えるならイヌのような声で「キャンキャン」とか「ワンワン」と鳴《な》きます。

野生ではアフリカ大陸南西部の荒れ地で集団をつくり、役割分担をして助け合いながら生活しています。サバンナに生息するミーアキャットの家族を追った自然ドキュメンタリー番組などをテレビで目にした方も多いでしょう。荒野《こうや》に直立して周りを見回すミーアキャットの一団には、えも言われぬ愛くるしさがあります。

こうなると、もちろん動物園でも人気者で、「ミーアキャットに会える」ことをウリにしている動物園もあります。


比較的多くの動物園で飼育されていることから、その生態もよく知られているように思われるかもしれませんが、ミーアキャットの病気に関する情報は意外にも多くありません。

動物園では群れで飼育されているため、ケンカによってけがを負ったり、感染症にかかって持ち込まれることが時々あるほか、長生きの個体では例に漏《も》れず心臓や腎臓の病気にかかったり、がんで死亡したりするケースが知られている程度です。


そんなミーアキャットは、これまで主に動物園で飼われてきました。しかし、最近はペットとして個人が飼育することも増えています。

テレビやネット動画でそのかわいらしさがことさら強調されることが、状況に拍車《はくしゃ》をかけているのでしょう。そして、その急激に高まる人気が、人間とミーアキャットの双方に不幸をもたらすこともあります。

このときぼくのところに持ち込まれたミーアキャットは、いつも動物園から持ち込まれる遺体とはずいぶんとちがっていました。

比較的若い個体で、毛艶も栄養状態もよく、一見健康そうに見えます。聞いたところによると、安楽死させられた子だといいます。

つまり、人の手によって命を奪われたということです。

がんや感染症で亡くなった個体はしばしば解剖してきたぼくですが、このような形で亡くなったミーアキャットを診るのはこのときが初めてでした。そして動物園ではなく、一般の家庭でペットとして飼われていたといいます。

治る見込みのない重い病気やけがで明らかに苦しんでいる、慢性的な病気になってしまったが治療費を払い続けられない、アレルギーの発症や転居といった飼い主の都合でどうしても飼い続けることができなくなった、凶暴化《きょうぼうか》して人間やほかの動物を襲った……などなど、安楽死が行われる理由はさまざまです。

しかし、たとえ動物が耐《た》えがたい苦痛を感じているとしても、自らの死を望んでいるかはわかりませんから、安楽死は動物の飼い主や獣医師にとって難しい問題です。

安楽死には二酸化炭素《にさんかたんそ》による窒息《ちっそく》や注射薬による心停止などいくつかの方法がありますが、できる限り苦痛を与えないように処置するということが大原則です。

家庭で飼われているペットでは、動物病院で麻酔薬によって意識と感覚を消失させたうえで筋弛緩薬《きんしかんやく》などを投与し、呼吸停止や心停止させるのが一般的です。このミーアキャットも、そのようにして死に至らしめられたものです。

「この子ね、知り合いのお子さんを咬んでけがをさせたんですよ」

動物病院の獣医師からの申し送りでした。

飼い主さんが目を離したすきにケージを脱走したミーアキャットが、遊びに来ていた知り合いのお子さんの指を咬んだとのこと。その後、飼い主さんは「とても飼っていられない」と手放すことを決めたそうです。

しかし、引き取り手が見つからず、自治体もイヌとネコしか引き取っておらず、またペットショップに返却もできず、最終的に動物病院で処置せざるを得なかった。つまり、苦痛を取り除くための安楽死ではなく、健康だったのに人間の都合で殺処分されたということ。なんともやり切れない話です。

動物を飼育する以上、飼い主は責任を持ってその寿命が尽きるまで飼育するのは言うまでもないことですが、2012年に改正された動物愛護管理法で、動物がその命を終えるまで適切に飼養《しよう》する「終生飼養」がようやく明文化されました。

ぼくから飼い主さんに直接話を聞くことはできませんでしたが、安楽死を選んででも手放すしかなかったとなると、咬まれたお子さんは相当の重傷だったはずです。現実に起きてしまった重大な問題の前に、飼い主さんも苦渋《くじゅう》の決断をされたことでしょう。

実はペットとして飼育されているミーアキャットやカワウソ、フェネックなどがお子さんを咬んでけがをさせてしまうことはたびたび起きています。以前に（人間の）小児科医から、「子どもがカワウソに咬まれて深い傷を負ったが、注意すべき感染症はないか」という問い合わせを受けたこともあります。

ミーアキャットの愛らしさは、あくまでもそれを見る人間の価値観によるものです。先に述べたような、社会性があって群れの中でコミュニケーションや協力行動をとるという生態も、この動物のある一面でしかありません。

ミーアキャットの別の一面、それは野生の彼らが生息地では昆虫や爬虫類、鳥類、果実のほか、毒をもつサソリやクモなどを狩って主食にしている動物であり（動物園では鶏肉や卵、イモ、ニンジンなどを与えられています）、警戒心《けいかいしん》が強く群れの縄張りが侵されると攻撃的になる習性があるということ。また、繁殖期には同じ群れの他個体に攻撃することも知られています。

そんなミーアキャットの持つ社会性や攻撃性は、ペットとしての飼育下でも現れることがあります。

タイミングが悪かったり飼育管理が不十分だったりした場合、ミーアキャットは人間やほかの動物にけがをさせてしまうことがあるのです。

本来、固い殻《から》をもつサソリや昆虫をバラバラにできるほどの爪や牙で人間を攻撃すれば、子どもでなくても大けがをしたり、傷から重い感染症が起きたりするかもしれません。

ぼくにはミーアキャットの飼育経験こそありませんが、これまでの獣医病理医としての経験から、彼らをペットとしてイヌやネコと同じような感覚でかわいがることは決してできないと考えています。経験や知識があまりない方にとっては、安易に触れるべきではない動物だといえるかもしれません。

SNSでは、動物園や水族館のものとは別に、個人的に飼われているミーアキャットやカワウソの動画もよく目にします。しかし、これらの動物はペットとしての歴史が浅く、人間にはそう簡単に慣れません。イヌやネコのように懐《なつ》くこともないはずです。

映像で短い時間眺めているぶんには「カワイイ！」で済みますが、実際に飼って生活をともにするとなると、活発に動き回ることもあり、人とミーアキャット双方が不慮《ふりょ》の事故に見舞われる可能性は高いでしょう。

また、飼うからにはできるだけ健康に気を配ってあげなくてはいけませんが、獣医師だってイヌやネコほどミーアキャットの病気には詳しくないのです。

さらに、そもそも社会性が高く本来は群れで生活している動物を単独飼育していいのか？それは、その動物にとって幸せなことなのか？という議論もあるでしょう。

このように、ぼく個人としては、ミーアキャットは家庭での飼育には向かない動物であると思っています。少なくともイヌやネコと同じ感覚で、そして誰でも飼える動物ではないことはたしかです。

結局、このとき獣医病理医としてのぼくにできたのは、「ミーアキャットの死をできる限り無駄にしない」といういつもの作業でした。

遺体のさまざまな部位から組織を取り出してホルマリンで固定（細胞の腐敗《ふはい》を防ぎ、できるだけ生きていたときに近い状態にしておく処置です）し、それをパラフィンのブロックに封じます。細胞の時間を止めた組織を、溶けたろうの中に埋め込んで固めたような状態です。こうすることで、細胞や組織を半永久的に標本として保存できます。

病死ではなく本来は健康だった個体ですから、組織の大半は正常なままです。正常な組織の標本が手元にあれば、今後ほかのミーアキャットの病気や死因を調べる際に、細胞や組織のかたち、場合によってはタンパク質や遺伝子の情報なども比較することができます。

人間の都合で殺してしまったわけですが、その不幸をただ嘆《なげ》くだけでなく、せめて標本にして、ほかの個体の病気や死の解明に生かす。そうやってぼくたちがある動物の死から得た知見が、後に別の動物を助けることにつながる——そう、ぼくは信じています。

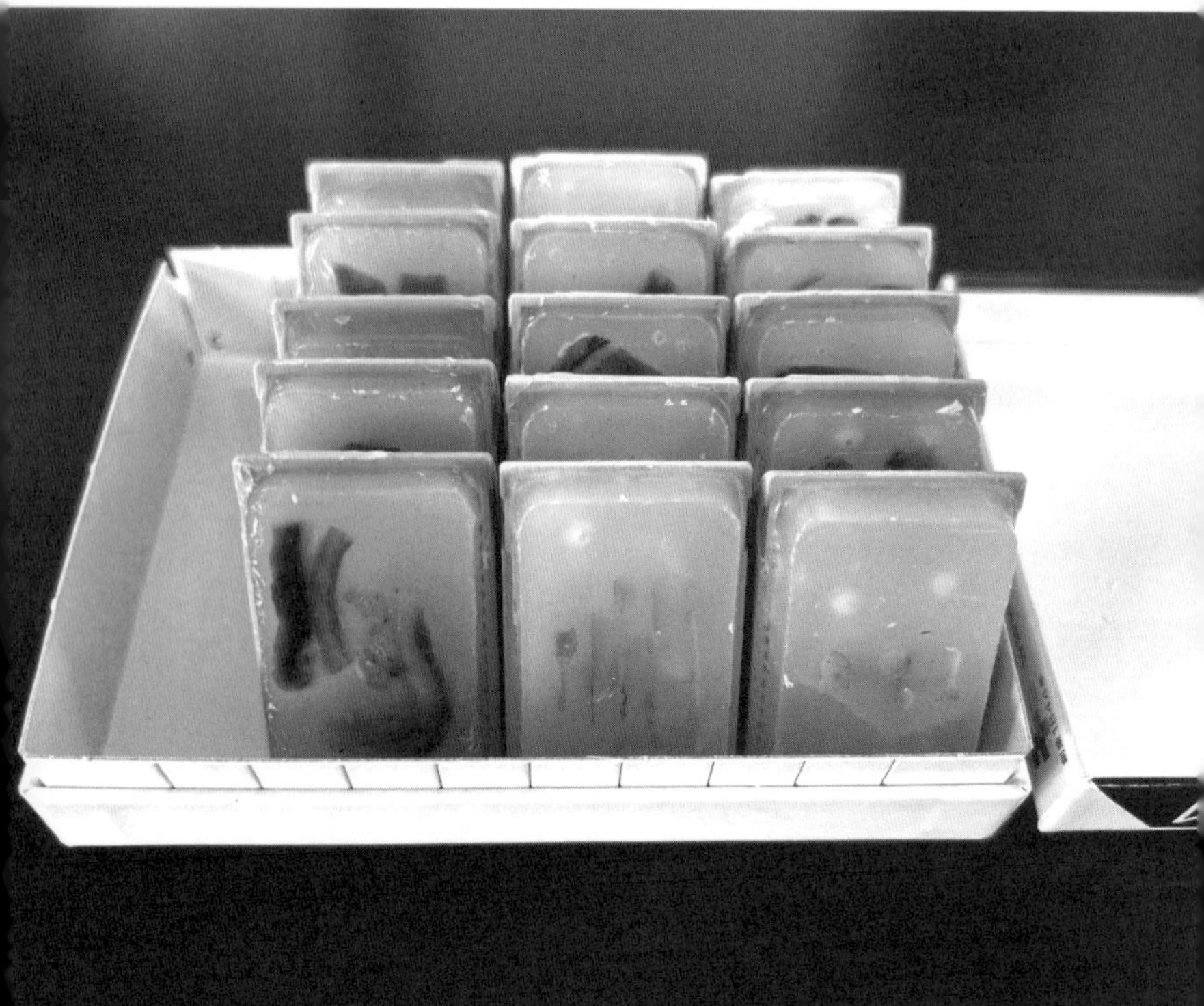

パラフィンブロック

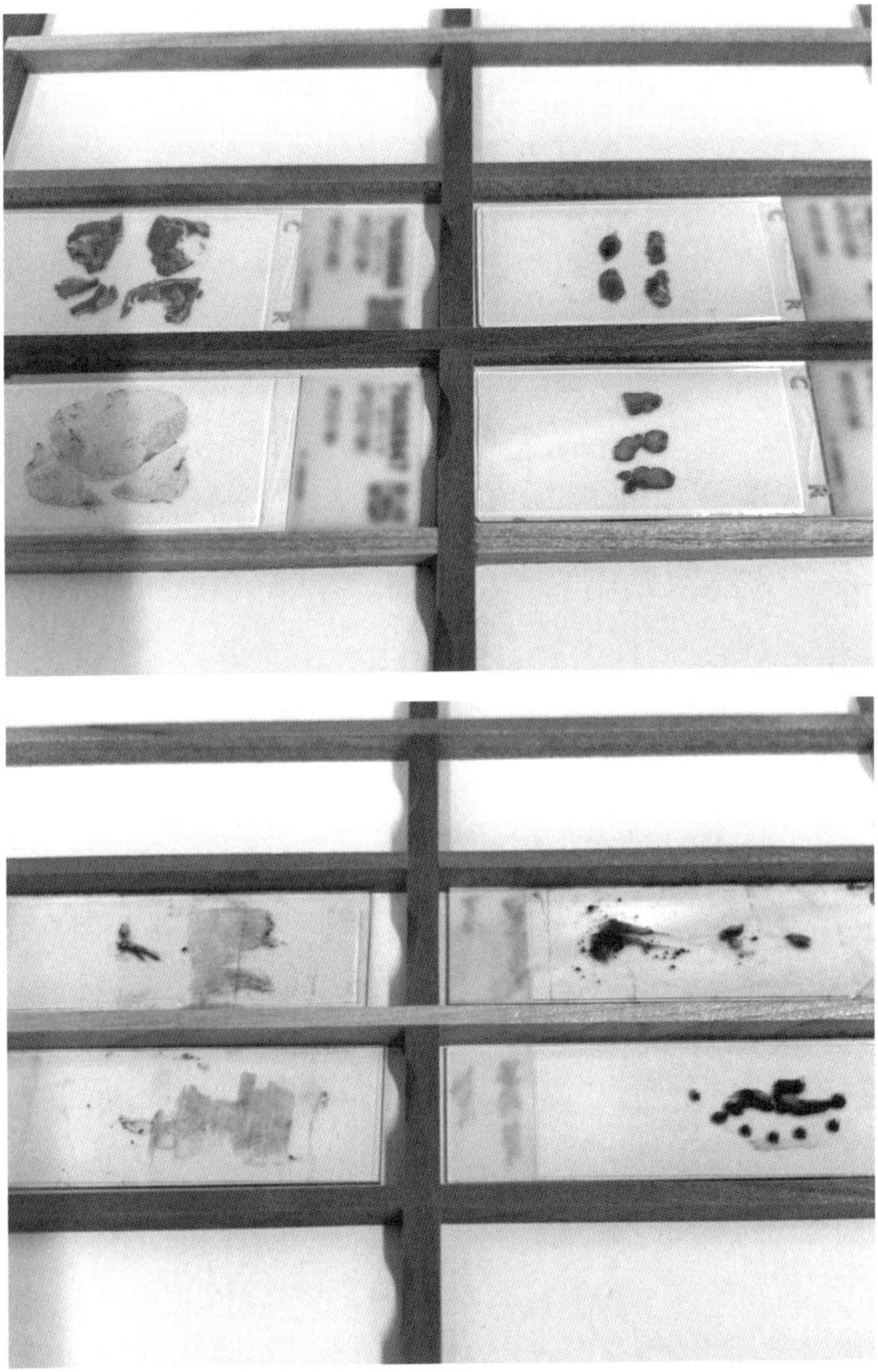

組織標本（上）と細胞診標本（下）のスライドガラス

このような標本は、要請《ようせい》があればほかの獣医病理医や機関に貸し出すこともできるでしょう。実際、研究や診断の目的で、標本の貸し借りをすることはあります。

将来的な繁殖を目的として希少動物の精子や卵子を冷凍保存しておく試みは、いくつかの動物園や水族館で行われています。しかし、病気や死の探究を目的として組織のパラフィンブロックを収集したり保管したりする施設は、まだありません。

「いつか、さまざまな動物の組織標本を保管する博物館をつくる」というのが、ぼくのひそかな計画です。

一つの動物の遺体から、解剖学者や動物学者がそこに隠された秘密や進化の道筋を明らかにして、獣医病理学者が病気や死を探る。動物の死から学ぶことはまだまだたくさんあるのです。

「ミニ」や「マイクロ」でも……

ここ数年、ぼくのところによく遺体が持ち込まれるようになったエキゾチックアニマルの一つがブタです。

ブタといっても家畜のブタではなく、「ミニブタ」や「マイクロブタ」と呼ばれるものです。

その名の通り体の小さなブタで、家畜のブタが体重100〜300キログラムあるところ、ミニブタは40〜100キログラムとおよそ3分の1サイズ、マイクロブタに至っては20〜40キログラムとおよそ5分の1サイズしかありません。

医学や薬学の実験用として（ブタは臓器の機能やかたち、大きさで人間との共通点が多いのです）品種改良によってミニブタがつくられ、そのミニブタをベースにした品種改良でさらに小型のマイクロブタがつくられました。

名前の呼び分けは体のサイズのちがいによるもので、品種として確立されたものではなく、動物の分類としてはどちらも家畜のブタと同じ種です。


かつての劣悪な畜産《ちくさん》現場やその容姿から、ブタは汚い、臭い、怠惰《たいだ》、強欲《ごうよく》といったネガティブなイメージを抱かれてきました。

しかし、本来はきれい好きな動物で、イヌやネコと同じようにトイレの場所がきちんと決まっており、眠るときは清潔《せいけつ》な場所で休みます。体臭《たいしゅう》はほとんどありません。

性格は至って穏やかで、動物の中でも認知《にんち》能力や学習能力などが特に優れているとする研究報告もあります。実際、人間によく慣れ、教えれば「お座り」「待て」「おまわり」といった芸も覚えます。

このような生態や行動性をもち、そのうえでサイズが小さいミニブタやマイクロブタは、欧米ではすでにペットとして流行していました。そして欧米から数十年遅れで、いよいよ日本にもそのブームが入ってきたのです。

今、日本で人気となっているのは超小型のマイクロブタです。

最近では街にマイクロブタとふれ合えるカフェまであり、新聞の地域欄やテレビのワイドショーなどで特集もされていますから、その人気は相当なものです。

ぼくのところに持ち込まれるようになった遺体の数の推移《すいい》からも、国内で飼われるマイクロブタの数は確実に増えていることがうかがい知れます。

ただ、「マイクロブタはペットとして飼いやすいですか？」と聞かれれば、獣医病理医としてのぼくの立場からは「決してイヌやネコと同じようには飼えませんよ」と注意せざるを得ません。

現在、伴侶動物や家畜と呼ばれて人間と一緒に暮らしているイヌやネコ、ウシ、ウマ、ブタ、ニワトリなどは、長い歴史の中でその土地の気候に慣れ、人間との関係性を築《きず》き、時間をかけてペット化や家畜化されてきたという経緯があります。

ミニブタがペット動物として日本に入ってきたのは2000年頃、マイクロブタに至ってはイギリスで2000年代に誕生したものが、つい最近の2018年頃に日本に入ってきたとされています。ペットとして人間と1万年以上の関係があるイヌやネコと比べて、その歴史はあまりにも浅すぎます。

また、比較的人間に慣れている動物でも、それぞれに飼い方は異なります。ペットと家畜では当然ながら、イヌとネコも同じようには飼えませんし、例えば同じイヌでも品種によって特性は多様で、一筋縄ではいきません。

これはほかのエキゾチックアニマルにも言えることですが、もちろん、かわいがることや飼育することは不可能ではないでしょう。ただやはり、イヌはイヌであり、ブタはブタなのです。たとえイヌやネコを長年飼ってきた経験があったとしても、同じ感覚でミニブタやマイクロブタを飼うのはまず不可能と考えてください。

ブタは好奇心旺盛《おうせい》で探索することが大好きな動物です。野外に出せば、中毒を起こす危険性のある植物や異物を誤って口にしてしまう可能性がありますし、野良猫由来のトキソプラズマなどさまざまな病原体にさらされる可能性もあります。そのため、基本的には室内飼い

が推奨《すいしょう》されます。

しかし、いかに「ミニ」や「マイクロ」といえども成長すると大型犬くらいのサイズになりますから、さほど広くない室内では飼うのは難しいでしょう。ネット上でよく見るボーリング玉くらいの大きさの個体の写真、あれはたいてい生まれて間もない小さな子ブタです。

そして、好奇心旺盛で何でも口にする動物ですから、室内飼育であっても誤飲や誤食をしないように常に目を配っていなければいけません。おまけに家具や備品もことごとく破壊されるかもしれません。

また、普段はおとなしいのですが、神経質《しんけいしつ》

なところもあって、何かにぶつかる、突然抱きかかえられるといった嫌な思いをしたときや、驚いたときなどは、家畜のブタ同様に「この世の終わり」のような悲鳴《ひめい》で絶叫《ぜっきょう》します。いざ動物病院に連れて行こうものなら大変です。

どれだけ気をつけて飼っていても、まったく声を発さないということはありませんから、ご近所の理解が得られていないとトラブルになるかもしれません。

実際、先立ってブームになった欧米では、特に成長すると1メートル、体重100キログラムにもなるミニブタで、飼育放棄《しいくほうき》が続出したといいます。

国内での飼育のノウハウも十分に蓄積されていません。

体の成長に合わせてエサを切り替えていく必要がありますが、どれくらいのエサと水を与えれば健康でいてくれるのか。大きく育たないようにエサを制限する飼い主さんが時々いますが、ブタが栄養失調になってしまえば、それは虐待になります。実際、エサを十分に与えられず痩せて衰弱死したミニブタの病理解剖をしたこともあります。

夏は高温多湿《こうおんたしつ》、冬は比較的低温で乾燥《かんそう》しているような日本の気候下では、どのような温度調節を施すのが適切なのか。ブタは体温調節があまりうまくないので、飼い主さんがまめに温度を調整してあげなくてはいけません。

家庭での飼育下でどのような病気にかかりやすいかも、まだよくわかっていません。

家畜のブタでは離乳期《りにゅうき》の前後にいくつかの病気にかかりやすいことが知られていますので、ミニブタやマイクロブタでも子ブタの時期は病気にかかりやすいかもしれません。もしかすると、遺伝的に一部のマイクロブタには特別発症しやすい病気があるかもしれません。

そもそも、日本国内で生まれて寿命を全《まっと》うしたマイクロブタがいるかどうか、いるとしたらどれくらいいるかということも、情報がないためわかりません。

家畜のブタの寿命が10~15年とされているので彼らの寿命も同じくらいではないかと考えられていますが、日本に入ってきたのがつい最近の2018年頃なのですから。

彼らに健康で長生きしてもらうためにはどう飼うべきなのか。

ブームが先行している海外での事例からある程度の推測はできますが、実のところは誰もよくわかっていないのです。

ネガティブな要素はまだまだあります。

ペットとしての飼育であっても、日本の法律上（化製場等《かせいじょう》に関する法律（化製場法））、都道府県によっては知事の許可を受ける必要があります。飼育環境が狭すぎる場合や衛生基準を満たさない場合、家が飲料水の水源に近い場合などはこの許可が下りない可能性があります。

また、ミニブタやマイクロブタも家畜のブタと同じ扱いになるので、「家畜伝染病予防法」という法律にのっとって、最寄りの家畜保健衛生所へ毎年、定期報告書を提出しなければいけません。

「たかが小さなブタ1頭にずいぶんと面倒な」と思われるかもしれませんね。しかしこれは、豚熱《ぶたねつ》のような感染症がペットのブタを介して家畜のブタに広がらないために絶対に必要な措置《そち》なのです。

豚熱は「豚熱ウイルス」を病原体とする病気です。以前は、「豚《とん》コレラ」と呼ばれていました。

豚熱ウイルスは人間には感染しませんし、仮に豚熱を発症したブタの肉や内臓を食べても人体には影響しません。しかし、ブタやイノシシに対しては、非常に強い伝染力と高い致死率があります。

大規模集約化されている近年の畜産農家でひとたび患畜が発生すれば、ブタの大量死は免《まぬが》れず、畜産業界に与える影響は甚大《じんだい》です。

2018年、国内で26年ぶりに豚熱が発生して畜産業界が大騒ぎになった時期に、急死したミニブタの遺体がぼくのところに持ち込まれました。遺体の外表面を観察すると、全身の皮膚にポツポツとした赤い出血斑《しゅっけつはん》があります。

「これはひょっとするとマズいかもしれない……」

客観的な病理診断を下すため、いつもは無感情に病理解剖に臨んでいるぼくも、このときばかりは思わずうなりました。ブタに全身性の出血が起きたとなると、まさに豚熱のような急性ウイルス感染症の可能性があるのです。

「もし死因が豚熱なら、周囲に畜産農家がいる場合は感染が広がってたくさんのブタが犠牲になるかもしれない。すでにもう、犠牲になっているかもしれない」

慌てて家畜保健衛生所に問い合わせたところ、「そのミニブタの飼育状況から考えて、豚熱を心配することはないだろう」とのこと。しかし、それでも万が一に備えて、緊張しながら解剖に挑みました。

病理解剖の結果、ミニブタの死因は「感染症ではない」ことまでは突き止めることができました。感染症ではないけど、全身のあらゆる臓器に出血が起きていました。

しかし、その原因はわからないままです。

家畜のブタでは血液凝固《ぎょうこ》を阻害《そがい》する殺鼠剤《さっそざい》を誤飲して全身出血を起こすことがあるので、念のため体内に殺鼠剤の成分がないか専門機関で調べてみましたが、これも検出されませんでした。

豚熱でなかったのは幸いでしたが、緊張から解放されてどっと出てきた疲れの中で、遺体の死因が特定できなかったモヤモヤが残りました。

ペットとしての歴史が浅いミニブタやマイクロブタは病気に関する情報が非常に少なく、遺体を病理解剖しても死因が特定できないということが時々起こります。これらのブタを十分に診療できる臨床獣医師が少ないことも、死因の特定が困難な一因となっています。

ミニブタやマイクロブタを飼うということは、そういう「まだわからないことが多い」動物を飼うということでもあるのです。


ぼくが見ている限り、マイクロブタを取り上げるテレビやネットメディアなどで、これらのネガティブな情報が積極的に発信されている様子はありません。「その動物の魅力《みりょく》」にフォーカスしないと、注目されないからでしょう。

しかし、実際に動物を飼育する段になれば、エキゾチックアニマルに限らず、飼い主として事前に考えて覚悟しておくべきことはたくさんあります。

その動物をずっと飼える環境なのか。

動物の特性に応じた適切な飼育環境を用意できるのか。

家族や隣人は飼育に合意してくれているのか。

アレルギーは起きないのか。

経済的な負担に耐えられるのか。

どんなことがあっても、寿命まで飼育できるのか。

自身が病気や不慮の事故に見舞われたとき、代わりに飼ってくれる人に当てはあるのか。

テレビやネット動画で人が飼っている動物を見て「カワイイな。私も飼おうかな」と思ったとき、冷静になってよくよく考えてほしいと思います。

ツシマヤマネコのロードキル

以前の職場は山あいにあり、車で通勤していたぼくは、ひと月に数回の頻度で道路上に横たわる動物の遺体と遭遇していました。多くは交通事故に遭って死亡した動物で、いわゆる「ロードキル」と呼ばれるものです。

ロードキルとは、人間の敷《し》いた道路による影響で野生動物が死ぬことをいいます。道路を走行する車両による轢死《れきし》や衝突死《しょうとつし》のほか、側溝《そっこう》へ落ちたことによる溺死《できし》や落下死なども含みます。

日本は国土に森林が多く多種多様な野生動物が生息していますが、近年、人と野生動物の距離がだんだんと縮まっており、さまざまな軋轢《あつれき》が生じています。ロードキルはそんな人と動物の軋轢の一つといえます。

タヌキ、アライグマ、ハクビシン、イタチ、ネコ、ニホンジカ、ニホンザル、カラス、トビ、アオサギ、水禽類《すいきんるい》、ヘビ、カメ、カエル……いずれもぼくが通勤中に見かけたロードキルに遭った動物です（生きているときに出会いたかったと思います）。遺体の上を車が何台も通過し、種の判別がつかないこともしばしばです。その死肉をカラスやトビなどがエサにしようと近づき、さらなるロードキルの原因になることもあります。

希少な動物にとって、ロードキルは個体群減少の大きな要因となることがあります。

例えば、ぼくが環境省の協力のもと死因を調べているツシマヤマネコがそうです。

ツシマヤマネコは、長崎県の対馬《つしま》にのみ生息している野生のネコ科動物です。個体数がわずか100頭前後という希少種で、国の天然記念物に指定され、環境省のレッドリストには絶滅危惧種ⅠA類にリストアップされて国内希少野生動植物に指定されています。現在、日本でもっとも絶滅の危険性が高い野生動物の一つでしょう。

そんな絶滅に瀕《ひん》しているツシマヤマネコが、環境省が記録をとり始めた1992年から

2019年末までに合計112頭、交通事故で死亡しています。

地球上にたった100頭ほどしかいないのに、年に5頭も車にはねられて死んでいるということです。

このペースでロードキルが発生すると、ツシマヤマネコはやがて地球上からいなくなってしまうかもしれません。有効な対策を急いで考えなければ、手遅れになるでしょう。


ツシマヤマネコの生息地では、事故の発生地点に「ヤマネコ飛び出し注意」と書かれた看板を設置してドライバーに注意を促したり、ツシマヤマネコが速やかに移動できるよう道路と林をつなぐ足場をつくったりと、ロードキルの防止のためにさまざまな取り組みがなされています。

これらの対策によって実際どのくらいのツシマヤマネコが救えているのか、その判断はなかなか難しいですが、このような取り組みをしていることを積極的に発信することで、交通ルール、特に制限速度を遵守《じゅんしゅ》する「人にも野生動物にもやさしいドライバー」が増え、少しでもロードキルが減ることを願っています。

一方で、ロードキルというとその原因をつくった人間側の要因ばかりに目がいってしまいがちですが、同時に、動物側にも何か要因がないか、その可能性を考えることも必要ではないかと思います。

実は、ツシマヤマネコのような希少動物は例外で、それ以外の動物ではロードキル個体が詳細に調査されることはありません。

遺体の多くは道路の管理者によってそのまま焼却処分《しょうきゃくしょぶん》されるため、病理解剖した報告もほとんどないのが実情です。

病理解剖が行われる数少ない事例でも、交通事故に遭った遺体はたいていグチャグチャですから、肉眼観察のみで「死因は交通事故死」と片付けられるのがせいぜいです。

しかし、研究がされていないからわかっていないだけで、多発するロードキルの背景に、野生動物を交通事故に遭いやすくする何らかの病気や異常が隠れているかもしれません。

例えば、ここまでに何度か登場している寄生虫のトキソプラズマには、「感染した動物の行動を変容《へんよう》させるかもしれない」という報告もありますから、ロードキルを引き起こす要因の一つとなっている可能性はあります。研究の機会と予算があれば、じっくり調べていきたいと思います。

表面上の死因だけでなく、その背景に重要な病気が隠れていないかもきちんと調べる。ロードキルの直接的な原因が人のつくった道路にあるのなら、ぼくたち人間は野生動物の死因をきちんと調査し、ロードキルを減らすための研究をできる限り深めていく責任があるでしょう。

ロードキル個体の体の中で起こっていたことやその背景にあるものを詳細に突き止めることは、その予防となるだけでなく、環境の変化を把握したり、未知の病原体や環境汚染、それに人や家畜に影響を及ぼす病原体を迅速に察知するという点でも非常に重要です。つまり、ロードキル個体を含む野生動物の死因を調べることが、野生動物はもちろん、人や家畜を守ることにもつながる可能性があるのです。

ロードキルは単なる不幸な交通事故というだけではなく、「自然からの警告《けいこく》」かもしれません。動物たちが死してなお伝えてくれるメッセージを、病理解剖によって少しでもたくさん

聞かせてもらい、それを伝える
お手伝いをしていきたいと思っ
ています。

死を学ぶ子どもたち

ある年の5月のことです。

学習塾で飼われていたニワトリが亡くなり、死因を調べるための病理解剖を依頼されました。

学習塾とニワトリ……あまり聞かない組み合わせです。

そこは学校の定期テスト対策や受験指導をする一般的な塾ではなく、子ども自身が興味や関心を持ったことを自主的に学ばせるプロジェクト型学習の専門教室ということでした。学問の神様で有名な北野天満宮からすぐ近くにある、「studio あお」という学習教室です。

ある子どもはスペースバルーンや小型火薬ロケットを飛ばしたり、別の子どもは電子工作に熱中したり。

その中で小学6年生の2人の女の子がプロジェクトの一環《いっかん》として、有精卵《ゆうせいらん》からニワトリのひなを孵《かえ》し、飼っていたそうです。しかし、孵化《ふか》からおよそ7カ月後にニワトリは急死してしまいました。

この依頼にはもう一点、風変わりなところがありました。病理解剖の依頼主が子どもたちだったのです。

ニワトリを飼っていた子どもたち自身が「突然死んでしまったニワトリの死因を知りたい」と強く希望し、当時ぼくが勤めていた職場をインターネットで見つけて連絡してきたのです。

そして、依頼には「わたしたちにも解剖の過程を見せてください」という要望もついていました。

最初は、病理解剖を受けること、そして病理解剖の見学を受け入れることを躊躇《ちゅうちょ》しました。しかし、話を聞いているうちに、死因は窓際に置いていたことによる熱中症《ねっちゅうしょう》だったのではないか、あるいはバンブルフットのせいで死んでしまったのではないか、と子どもたち自身がニワトリの病気のことを調べて、何がいけなかったのか必死に考えていることが伝わってきました。ちなみにバンブルフットとは、鳥類の足の裏に傷ができ、治すのが非常に難しい病気のことです。趾瘤症《しりゅうしょう》とも呼ばれています。

もちろん依頼は塾の先生を介して寄せられましたが、病理解剖の依頼書の依頼者欄には、きちんと子どもたちの名前が書かれています。ニワトリをどのように飼育していて、どのような経緯で死亡して、解剖によって何が知りたいかということも、子どもたち自身の手で一生懸命書かれていました。子どもたちがここまで強く死因が知りたいと願っていろいろと行動に移しているならばと、子どもたちと一緒に病理解剖をして、みんなで死因を考えることにしました。

近年の理科教育の現場では、学習指導要領《がくしゅうしどうようりょう》の「動物の体のつくり」に関連する実習として、子どもたちにイカやアサリや魚、時にニワトリといった動物の解剖実験を行わせることがあります。

実際の動物を用いることで「模型《もけい》で学ぶよりも動物の体のつくりへの理解が深まる」とされる一方で、共感性の高い子どもは気分が悪くなるなど精神的なダメージを受ける可能性もあり、「小学生や中学生にあえて解剖実験をさせなくてもよいのではないか」という意見もあります。

いろいろな考え方があるでしょうが、ぼくとしては子ども自身が「動物の解剖を見て死因が知りたい」と強く望んでいるのなら、できるだけその機会を提供してあげたいと考えています。

もちろん、子どもには大人よりもずっと濃《こま》やかな配慮が必要であり、解剖への立ち会いを望んでいない子どもに無理強《むりじ》いをすることは決してあってはいけません。

最終的に、ニワトリの世話をしていた2人のほかに、塾生の半数ほどが参加を希望し、およそ10人の子どもがぼくの出張病理解剖に立ち会うことになりました。

病理解剖に先立って、ニワトリの遺体を前に、子どもたちと手を合わせて一礼します。これから、体の中で起こっていたことを教えてくれるニワトリに感謝の気持ちを込めて。

病理解剖では、いきなりメスを握《にぎ》って皮膚を切開することは絶対にありません。メスやハサミを手にする前に、必ず外部から全身の状態を詳しく観察していきます。体格はどうか、栄養状態はどうか、毛や羽の状態はどうか。外傷はないだろうか。死後硬直《しごこうちょく》や死臭《ししゅう》などから、死後どれくらい時間が経っていて、ご遺体の保存状況はどうであったのか、など。

ニワトリの遺体が教えてくれる病変を見逃さないように、子どもたちと注意深く全身を観察していきます。

「羽の状態は問題がなさそう」

病理解剖が始まるまでは死後変化を抑えるため、遺体を冷やしておくように伝えていたので、遺体の保存状態もそんなに悪くなさそうです。

次に、皮膚を通してニワトリの胸の筋肉を触ったときに気づいたことがあったので、子どもたちにも胸の筋肉に触れてもらいました。筋肉がとても薄くなっていて、胸骨《きょうこつ》という胸の骨の感触が手に伝わってきます。鳥は飛翔《ひしょう》のために胸の筋肉がとても発達しています。その胸の筋肉が薄くなっているということは、ニワトリが痩せていたというしるしです。

「子どもたちが気にしていたバンブルフットはどうだろうか」

足の裏を観察すると、多少のあかぎれのようなひび割れは観察できましたが、この程度では死因にはならないことは明らかでした。

外表の観察を一通り終えたところで、ようやくニワトリの腹部にメスを入れ、いつもの手順で臓器を一つずつ取り出していきます。

開腹し、まずは全体を観察。臓器の位置関係はおかしくなっていないか。感染症を疑う病変がないか。何かの感染症が疑われた場合は、すぐに解剖を中止するつもりでしたが、幸い感染症の心配はなさそうでした。

そして、いつも通りの流れで脾臓を取り出し、消化管を取り出し、肝臓、腎臓、心臓、肺、脳……と、見逃しがないように一つ一つの臓器を確認しながらバットに並べていきます。普段とちがうのは、解剖台の前でひとり黙々と手を動かすのではなく、周りをぐるっと子どもたちに囲まれていることです。

そして、これは子どもたちのせっかくの学びの機会です。

「心臓は心筋という筋肉でできていて、全身に血液を送るポンプの役割をしているんだよ」

「脾臓はリンパ球という免疫をつかさどる細胞がたくさん集まっているんだよ」

といった調子で、子どもたちに実物の臓器を示しながら、動物の体のしくみについて授業を行っていきました。

子どもたちは、解剖されていくニワトリの遺体とぼくの手元を、食い入るように見つめています。小学生が10人ほどいて、ひとりとしておしゃべりしたりふざけたりする子はいません。もし途中で気持ち悪くなったりしたら、遠慮《えんりょ》なく外に出るように伝えていましたが、みな最後まで真剣な眼差《まなざ》しでメモをとりながら、病理解剖は進んでいきました。

時には臓器を手にして感触を体験してもらいながら、こんなに小さな体でも基本的には人間と同じ臓器が一通り揃《そろ》っていること、たくさんの臓器がお互いに協力しながら人も動物も生きているということ、そしてそれらの臓器の機能がうまく働かなくなると、病気になった

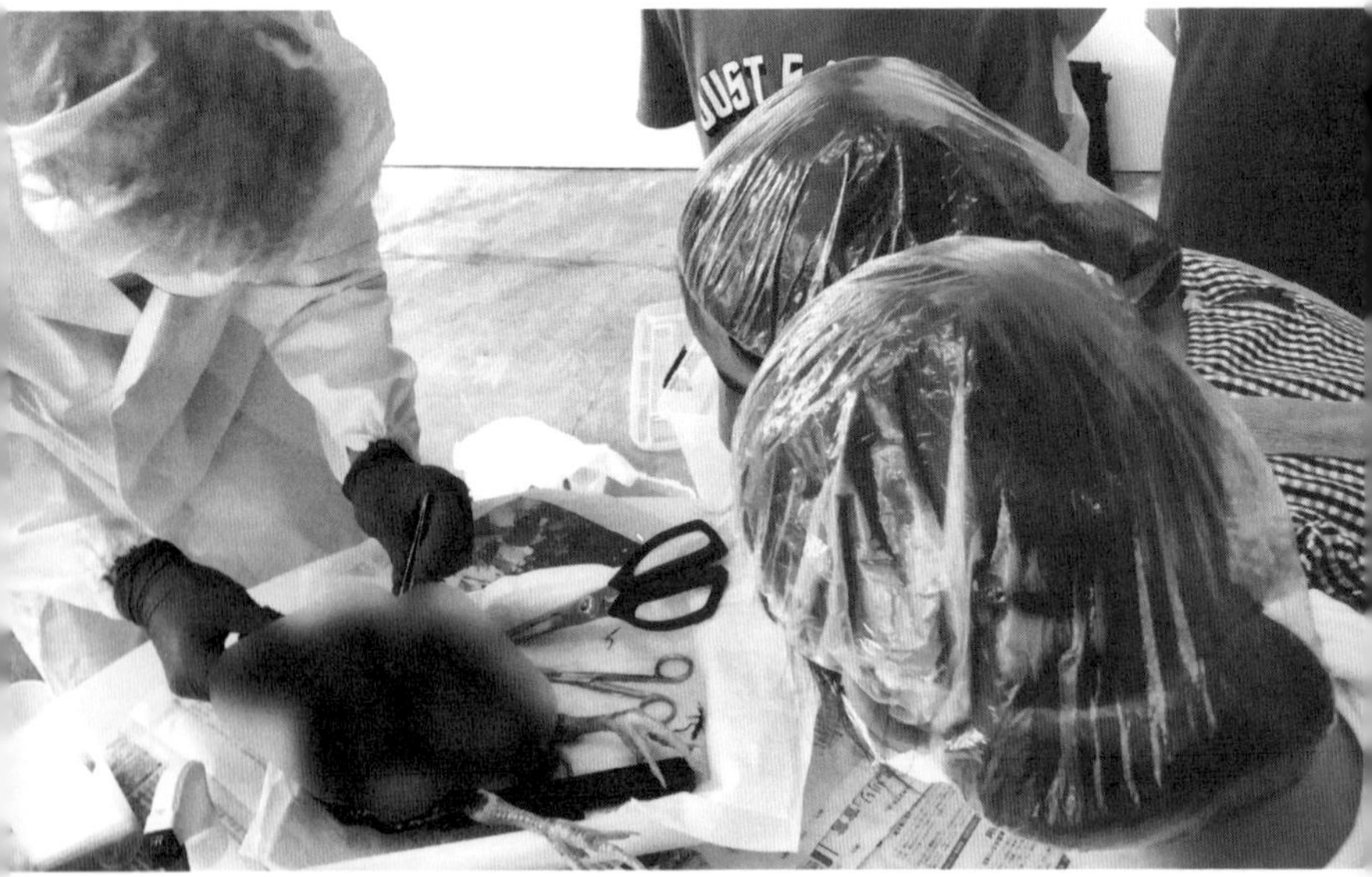

病理解剖の様子を食い入るように見つめる子どもたち。

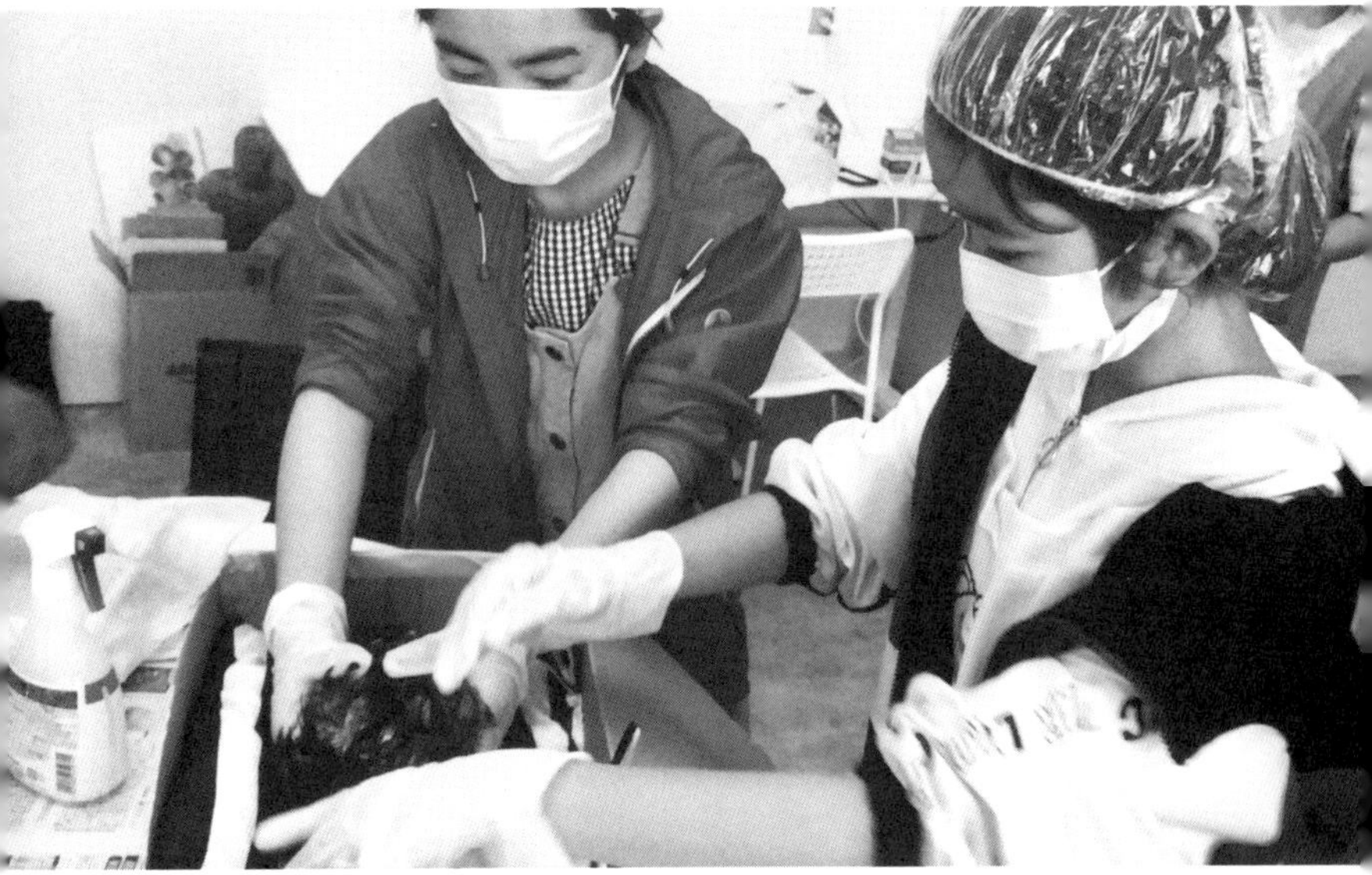

解剖後は自分たちの手でご遺体をきれいにしてもらった。

り、生きていられなくなるということを解剖しながら伝えました。こんなにたくさんの臓器があるけど、それは受精卵という、たった一つの細胞が分裂してできたということ、命というのは限りなく奇跡《きせき》に近いものだけど、傷つけようとしたらいとも簡単に傷ついてしまうくらい繊細《せんさい》なものだということも。

「知りたいという気持ちがあるとき、子どもはこんなにも集中するのだなあ」

病理解剖と即席《そくせき》の授業を進めながら、ぼくは彼らの学ぶ姿勢にいたく感心しました。

遺体から腸を取り出し、空腸《くうちょう》(小腸の一部)を切り開いたとき、その中に半ば消化された小松菜《こまつな》がぎっしりと詰まっているのが確認できました。どうやら、小松菜がエサとして与えられていたようです。

空腸は管内の流れが速く、病理解剖をして観察しても、内容物はそれほど含まれていません(ですから「空」腸と呼ぶのです)。そこに小松菜がぎっしりと詰まっているというのは、明らかな異常でした。

ニワトリの世話をしていた子どもに話を聞いてみると、「自分たちでニワトリが食べるものを調べて、孵化してからずっと小松菜とあわを与えていた」と言います。

しかし、孵化してから急速に体が大きくなる成長期のニワトリがそれだけを食べていたとなると、動物性タンパク質などの栄養素が圧倒的に不足します。

本来、成長期のニワトリには、麦、米ぬか、魚粉《ぎょふん》、ホタテ殻、炭、微生物発酵飼料《しりょう》、青草など、体が要求する栄養成分がバランスよく混ざった市販の配合飼料が与えられるべきです。

ぼくたち人も、生まれたばかりのときは母乳やミルクで育ち、やがて離乳食《りにゅうしょく》が始まり、徐々に大人が食べるのと同じ食事内容になっていきますよね。これと同じように、動物も成長に見合うように適切にエサを切り替えていかなければならないのです。

それが、孵化してからずっと「小松菜とあわのみ」という極端に偏ったものしか与えられていなければ、低栄養になります。

空腸に小松菜が詰まっていたのは、栄養的な欲求が満たされなかったニワトリが、与えられるエサを必死に食べ続けていたせいかもしれません。

そして、ちょうど季節の変わり目でしたから、寒暖差《かんだんさ》のダメージもあり、最終的に衰弱死したのだと推測されました。
後日、摘出した組織を会社に持ち帰って組織標本をつくり、ニワトリの病理検査報告書とともに再びstudioあおを訪れて、子どもたちに死因の詳しい説明と、組織標本の顕微鏡写真を使った授業を行いました。

ぼくは子どもの学ぶ意欲は尊重すべきと考えてはいましたが、この依頼以前に子どもたちを解剖に立ち会わせるという経験はありませんでしたので、「小学生にとって、

病理解剖の結果を説明するとともに、動物の体のことや獣医師の仕事について講義した。

魚ならまだしもニワトリの解剖実験は早すぎただろうか？」という不安が少なからずありました。

しかし、2度目の授業後に解剖実験の感想を聞くと、ニワトリの世話を担当していた子どもたちは「死んだ原因がわかってすっきりした」「飼い方の問題がはっきりわかったから、今後は絶対にこういうことがないようにしたい」と自分の気持ちを話し、別の子どもは「実物の内臓を見て、生き物の体のことがよくわかった」と言いました。またある子どもは、ひと言

病理解剖で死因を知ったことで、自分たちが学んだことやこれからできることを発表する女の子たちとstudioあお代表の川村氏。

「楽しかった！」と笑っていました。「独特なにおいがした」と話す子どももいました。死後2日程度経っていたので、解剖のときに死臭があったのです。これらはいずれも、実際に病理解剖しなければ体験することができないことでしょう。

彼らに感想を聞いたぼくは、「ああ、出張病理解剖をやってよかったな」と胸をなでおろし、自分の考えに自信を深めたものです。

近年、ぼくたちは生き物の死を身近に感じることが少なくなっています。

昔の田舎《いなか》の家は、庭でニワトリやウシやブタを飼い、時にそれらを軒先《のきさき》で絞《し》めることもありました。暴れるニワトリを押さえつけて手斧《ておの》で首を落とし、逆さにして血を抜き、軽くお湯につけたうえで羽をむしり、最後にバーナーで軽くあぶって残った羽を焼き切る……現在アラフォーのぼくが子どもの頃までは、各地の田舎でそのような光景を時々目にすることができました。

しかし最近は、肉も魚介類も切り身にされたものがスーパーで売られており、ぼくたちは普段食べているものから生きていた動物に思いをはせることはほとんどありません。

人にしても、以前は自宅での看取《みと》りがそれなりにありましたが、現在は入院先や運ばれた病院で亡くなるようになりました。葬式《そうしき》も各地域に設けられた葬儀会社で行われ、ご遺体を家に連れて帰るということは減っています。

テレビでは毎日のように動物を扱った番組が放送され、ネット動画にはさまざまな動物が登場し、書籍や雑誌も動物をテーマに書かれたものが数多く出版されています。

それらはどれもおおむね「動物に癒やされる」「動物の生き方に学ぶ」「動物の生態に驚く」「動物と一緒に生きる」というような切り口でつくられています。そこに「動物はなぜ死ぬのか」「どのようにして死んでいくのか」「死んだらどうなるのか」「残された人や動物はどうするべきか」という、死と向き合う視点は圧倒的に欠けています。稀に動物の死が取り上げられても、たいていは「かわいそう」「悲しい」という表面的な感情の発露《はつろ》にとどまっています。

もうずっと、ぼくたちはそのようなコンテンツを消費し続けています。

死はぼくたちの身の回りにあふれているのに、ぼくたちの社会は死をできるだけ感じないように遠ざけているようです。

しかし、動物の生きざまにだけ注目するのは片手落《かたてお》ちというものです。生の最期に必ず訪れる死からも教訓を導いてこそ、真に「生きる」ということの意味が理解できるようになるのです。

ですから、studioあおの子どもたちが自らの意思でニワトリの死と向き合い、「死因を知りたい」と考えたことを、ぼくはうれしく思ったのでした。

ちなみにstudioあおの子どもたちからは、その後もたびたびプロジェクトに関する相談を持ちかけられました。どの子どもたちも自分で課題を見つけ、それを解決するためには何をすべきかよく調べ、よく考えています。こういう子どもたちが明るい未来をつくってくれるのだろうと感じ、そのために全力でお手伝いをしたいと思いました。

動物を飼うことは、ぼくたちが「死」を感じることのできる貴重な機会でもあります。動物と暮らすことは、楽しいことやうれしいことばかりではありません。動物を飼育していると、その「生」を感じるとともに、彼らの病気や死の苦しみにしばしば直面します。飼い主として彼らの病気や死としっかり向き合うことは、死が遠ざけられている現代のぼくたちには必要なことでしょう。

苦しみながらも必死に生きようとする動物を身近に感じることで、ぼくたちは他者の痛みを理解できるようになります。そしてそれは、自分自身を大切にすることにもつながります。

ペットを飼っているみなさんは、ただ生きている間の動物をかわいがるだけでなく、死んだ動物から命の大切さを学び、それを後に生かすことも忘れないでほしいと思います。

病理解剖された動物たちは今も生きている

一般の方に「動物の遺体を解剖して死因を調べる仕事をしている」とお話しすると、よく「解剖は楽しいですか?」とか「死体が好きなのですか?」といった質問をされます。

獣医病理医の中には解剖が好きという方もいらっしゃるのかもしれませんが……ぼくは特段解剖が好きというわけではありません。獣医学部の学生の頃は採血や縫合、結紮《けっさつ》といった細かい臨床手技《りんしょうしゅぎ》は得意でしたが、顕微鏡で細胞や組織を観察する病理診断には強い苦手意識を持っていました。

何しろ、病変の見極めがさっぱりだったのです。苦手を克服《こくふく》しようと必死に勉強しているうちにいつしかそれが仕事になったのですから、人生とは不思議なものです。

病理診断では予断は禁物のため、ぼくは遺体と組織標本を前にしている間は努めて無感情に「病理診断マシン」でいようとしています。しかし、この仕事は、遺体を通して動物の「死」と相対する仕事です。解剖台の前で動物たちの理不尽《りふじん》な死と向き合うたび、マシンに徹しているはずのぼくも、やりきれない気持ちになったり、しばらく落ち込んだりします。

それでもぼくは、今日も動物の死と向き合って、遺体の病理解剖をしています。

それは、解剖が楽しいとか死体が好きということではなく、「生きている動物が好き」だからです。

この業界で働いている人間のご多分《たぶん》に漏れず、ぼくもこれまでにたくさんの動物を飼ってきました。

物心《ものごころ》ついた頃、庭にいたアリやダンゴムシから始まり、草むらのバッタやカマキリ、神社の軒下にいたアリジゴク、近所のため池のメダカやザリガニ……。小学校低学年の頃にイヌ

（シェットランド・シープドッグ）が家にやってきて、中学に上がると姉が拾ってきた雑種のネコが家族に加わりました。最初に自分で世話をするようになった哺乳類は、ぼくが中学生の頃に姉がホームセンターで買ってきたモルモットでした。

気がついたときには動物に興味を持っていて、「動物に携わる仕事がしたい」と思い獣医学部のある大学に進学しました。

大学生の時分《じぶん》は、何らかの理由で元の飼い主が飼えなくなった動物たちを積極的に引き取りました。

セキセイインコ、ジャンガリアンハムスター、ウサギ、ロシアリクガメ、クサガメ、ヒョウモントカゲモドキ、コーンスネーク、イモリ、サンショウウオ、フクロモモンガ、フェレット。これらの動物をぼくが引き取ったのは、前の飼い主に捨てられた彼らをかわいそうに思ったからではなく（もちろん引き取り手がいないと殺処分されるかもしれないということもあったけど）、やはり動物が好きで自分で飼いたかったからでした。

獣医学部三年で研究室に入ってから大学院までの研究生活では、研究対象であるリスザルをたくさん世話してきました。社会人になって家庭を持ってからも、中型のインコをかけがえのない家族の一員として飼育しています。

世の中には適切な飼い方をされなかったり、必要な獣医療を受けさせてもらえなかったりして、苦しんだ末に亡くなる動物がたくさんいます。

さまざまな事情で飼えなくなった動物は、引き取り手が見つからなかった場合は最終的に殺処分されることがほとんどです。

勉強熱心な飼い主さんが愛情を持って飼育していても、原因がわからず治療法も確立されていない病気で死んでしまう動物もいます。

そんな苦しむ動物を少しでも減らしたい。

動物たちにより健康で長生きしてもらいたい。

大好きな動物たちに幸せに生きてもらいたい――そう思って、ぼくは病理解剖によって動物の死因を究明する仕事を続けています。臨床獣医師になって一つ一つの命を助けるという選択肢もありましたが、ぼくは動物の死から多くの命を救うことを選びました。

動物の体と病気には、いまだ広大な未知の領域が広がっています。

昆虫をはじめとする無脊椎動物、魚類、両生類、爬虫類、鳥類、哺乳類……さまざまな動物がいて、それらに共通する病気もありますが、動物種ごとに特有の病気やかかりやすい病気もあります。

飼育数が比較的多く飼育の歴史も長い伴侶動物のイヌとネコ、家畜のウシ、ブタ、ウマ、ニワトリについては多少のことがわかっていますが、それらも散々調べ尽くされているようでいて、いまだに原因も治療法もわからない病気がいくつもあります。それ以外の、人とともに歩んできた歴史が短い動物については、言うまでもありません。ぼく自身、この仕事を始めて二十年以上になりますが、いまだにわからないことだらけです。

病気のことがわからなければ、彼らを長く健康に生かすことはできません。動物たちがどんな病気にかかり、どのように死亡しているのかをもっと明らかにしなければ、寿命を全うすることなく不幸にして亡くなる動物はこれからもたくさん出るでしょう。

広大な領域が手付かずなのですから、逆にいえば、動物の体は新しい情報の宝庫です。とりわけ物言わぬ動物たちの声なき声が「病変」として刻まれている遺体には、ぼくたちが学ぶことがたくさん詰まっています。

死んだ動物の飼育状況を検証すれば、動物園や水族館の飼育係は飼育環境を改善することができます。

病気が起きるメカニズムがわかれば、臨床獣医師は同じ病気で苦しむほかの動物を救えるようになるかもしれません。

死因が明らかになれば、ペットの飼い主が大切な伴侶の死を納得して受け入れる助けになります。

病理解剖や病理診断によって死から抽出《ちゅうしゅつ》される情報は、動物の体に起こる病気や死に関する理解につながり、後に多くの動物を救うことでしょう。そして同時に、ぼくたち人や人の社会を救うことにもつながるでしょう。動物がより幸福に生きられるようになれば、彼らはぼくたちにより多くのものをもたらしてくれるはずだからです。

つまり、ぼくたちが動物の死と向き合い、死から学ぶことで、亡くなった動物たちの命は、残された動物たちとぼくたちの中で生き続けるのです。

「亡くなった動物とはもうこの世でふれ合うことはできないけれど、彼らはまだ生きている」

これまでに病理解剖した動物たちのことが頭に浮かぶとき、ぼくはいつもそう思います。

まだ知らないことだらけなのですから、ぼくたちは一つの遺体からできるだけ多くの情報を引き出す努力をしなくてはなりません。

最近はSNSの普及で獣医療に携わる人々の横のつながりができ、動物の病気や死についての情報交換が以前より活発に行われるようになってきました。

動物たちの病をどう予防するのか、どう克服するのか——専門領域の枠を超えた協力の中で、ぼくはこれからも動物の死や病気と向き合う獣医病理医の視点から、この命題に取り組んでいきます。

イヌ、ネコ、ペンギン、インコ、ブンチョウ、フクロウ、ハヤブサ、ウシ、ブタ、ウマ、

ニワトリ、アフリカゾウ、ハムスター、イグアナ、イモリ、ヘビ、タヌキ、ウミガメ、オオサンショウウオ、キンギョ、イカ、タコ、ヒトデ、サンゴ……ひとりの人間が扱える動物の数には限りがありますが、せめて目につく範囲の死は無駄にすることなく病理解剖を行い、得られた知見をみなさんと共有したいと思っています。

おわりに

動物の解剖には「残酷でかわいそう」という声がよく聞かれます。実際そのような理由から、病理解剖できなかった動物たちもたくさんいます。それはそれで飼い主さんの考えを尊重することであり、大切なことですが、動物の解剖は決して残酷なものではありません。そんな思いが、本書には込められています。

生きている動物は美しい。これに異論がある人はほとんどいないでしょう。

では、死んだ動物はどうですか？

かわいそう、気持ち悪い、不気味……。

死んだ動物には、どちらかというとマイナスのイメージを持たれている方が多いのではないでしょうか。ぼくは、死んだ動物もまた美しく尊い存在であると考えています。

『冥府《めいふ》の鬼手《きしゅ》』という、昭和53年に毎日新聞社から出版された本があります。伴俊男《ばんとしお》先生という実在する病理学者を描いた医学小説です。「冥府」は冥土《めいど》と同じ意味で、死者がいるところを指します。「鬼手」は「鬼手仏心《きしゅぶっしん》」という言葉からきていて、広辞苑によると、「外科手術は体を切り開き鬼のように惨酷《さんこく》に見えるが、患者を救いたい仏のような慈悲心《じひごころ》に基づいているということ」とあります。

冥府の鬼手とは、死者の体を切り開いて患者の体の中で起きていたことや死因を明らかにする、病理学者のことを示しているのです。「冥府の鬼手」という書名は、ぼくたちの仕事の本質を表す巧《うま》い言い回しだと思います。


ぼくは死んだ動物のことを「死体」とは呼ばず、「遺体」と呼んでいます。病理解剖を通してさまざまなことを教えてくれる死んだ動物に敬意を表して、即物的《そくぶつてき》な「死体」ではなく「遺体」と表現しているのです。

亡くなった動物の体には、その動物が生きてきた証と、病気との闘いの歴史が刻まれています。そこから読みとった情報は、残された飼い主や病気で苦しむ動物たち、診断や治療に悩む臨床獣医師など、多くの人たちのために生かされます。

「『命の尊さ』ってのは、生きている動物だけ見ていてもわからないだろう?」

これは、国立科学博物館で動物学を研究している川田伸一郎《かわだしんいちろう》氏が著書『標本バカ』(ブックマン社)で述べていた言葉です。目的は違えど同じく動物の遺体を扱う研究者として、この言葉には大変勇気づけられました。

もし、いま一緒に暮らしている動物が亡くなったとき、病理解剖という選択肢があることを頭の片隅に置いておいていただけると幸甚《こうじん》です。

動物は亡くなるとすぐに死後変化が始まり、そのうち腐敗していきます。死後変化や腐敗は本来あるべき病変を隠してしまうので、病理解剖をするなら、死後変化や腐敗を極力抑える必要があります。そのために、亡くなったご遺体は涼しい場所に安置していただき、気温が高い時期には保冷剤を体の各部位（特に腹部や胸部）に当てて、しっかり冷やしてあげてください。このとき、ご遺体を冷凍することは避けてください。凍ると細胞が破壊されてしまい、顕微鏡での観察が困難になります。

病理解剖をどこに依頼すればいいかわからないという人も多いと思います。

もっとも良い方法は、かかりつけの動物病院の臨床獣医師にお願いして、しかるべき機関に依頼することです。それが難しければ、ぼくにご相談いただいても構いません。X（旧ツイッター：Shin@獣医病理学者）、ブログ（獣医病理学者Shinのブログ）、note（Shin/獣医病理学者）等で情報発信していますので、いずれかの方法でご連絡ください。実際、SNSからのご依頼で病理解剖をさせていただいたことも何度かあります。すべてのご依頼をお受けすることは難しいですが、可能な限りお受けしたいと考えています。

病理解剖を考えている人にこれだけは知っておいてもらいたいことがあります。

病理解剖で、必ずしもすべての疑問が解決できるわけではありません。解剖をしても死因が明らかにできなかったこともあります。そんな場合でも、病理解剖をしてその子の体を無駄に傷つけただけということにはならないように、大切に動物の遺体と向き合っています。生前に抱いていた疑問が解決できず、むしろさらなる疑問や課題が多く残されることもあります。それでも病理解剖によって死んだ動物が伝えてくれたメッセージは、後世のために必ず役に立ちます。そのため、病理解剖が無駄だったということは絶対にありません。

獣医病理学のことを知ってもらいたい。

獣医師にはいろいろな職域があること、獣医師は動物の健康を通して人や社会のために貢献《こうけん》していることを知ってもらいたい。

そして動物の病気や「死」のことを知って、その対極にある「生」の大切さに改めて気づいてもらいたい。
そんな思いから、数年前にSNSでの情報発信を始めました。最初は動物の死にどれだけ関心を持ってもらえるか不安でしたが、続けるうちに多くの方に共感や応援の声をいただき、とても励《はげ》みになりました。

本書を企画し、動物の「死」から学んだ「生」の大切さをお伝えする機会を与えてくださったブックマン社の藤本淳子様、サイエンスライターの大谷智通様、温もりが感じられる動物のイラストを描いてくださったイラストレーターの秦直也様をはじめ、関係者の皆様に心より御礼申し上げます。

動物の病理解剖をするたびにわからないことが次から次へと出てきて、日々勉強が足りないことを痛感しています。そんなぼくに病理解剖を依頼してくださる飼い主様、臨床獣医師ほか、すべての方に深く感謝申し上げます。

獣医師になることを応援してくれた両親と姉、今の生活を支えてくれている妻と子どもたち、そしてこれまでに出会った多くの先生方や先輩、後輩、友人たちには、感謝の気持ちでいっぱいです。ここでは書ききれないくらい、本当にたくさんの方の支えがあって今の自分がいるということをひしひしと感じています。

最後に。病理解剖を通して、ぼくたちにたくさんのメッセージを託《たく》してくれた動物たちに、最上級の感謝の気持ちを伝えたいです。本当にありがとう。

Profile

なかむら・しんいち

中村進一

1982年生まれ。大阪府出身。岡山理科大学獣医学部獣医学科講師。獣医師、博士（獣医学）、獣医病理学専門家、毒性病理学専門家。麻布大学獣医学部卒業、同大学院博士課程修了。京都市役所、株式会社栄養・病理学研究所を経て、2022年4月より現職。イカやヒトデからアフリカゾウまで、依頼があればどんな動物でも病理解剖、病理診断している。著書に『獣医病理学者が語る 動物のからだと病気』（緑書房，2022）。

SNS

(旧 Twitter) X

Shin@獣医病理学者
https://twitter.com/Shin80038016

Blog

獣医病理学者Shinのブログ
http://vetpath.blog.jp/

note

Shin/獣医病理学者
https://note.com/shin_vetpath/

死んだ動物の体の中で起こっていたこと

2023年12月19日　初版第一刷発行
2024年 8 月 8 日　初版第二刷発行

著者　中村進一
構成　大谷智通
絵　秦直也
デザイン　井上大輔（GRiD）
校正　円水社
編集　藤本淳子
アドバイザー　原久仁子

印刷・製本　TOPPANクロレ株式会社

発行者　小川洋一郎
発行所　株式会社ブックマン社
〒101-0065 千代田区西神田3-3-5
TEL 03-3237-7777　FAX 03-5226-9599
https://bookman.co.jp

ISBN978-4-89308-965-6